대통령상 수상자들이 들려주는
과학대회의 모든 것

대통령상 수상자들이 들려주는

과학대회의 모든 것

초판 1쇄 찍은 날 2021년 11월 8일
초판 1쇄 펴낸 날 2021년 11월 15일

지은이 김만용·김선아·김주휘·유동준·이경윤·이명규·이상일·이승택·정호근·하헌목

발행인 육혜원
발행처 이화북스
등 록 2017년 12월 26일(제2017-0000-75호)
주 소 서울특별시 마포구 월드컵북로 400 서울산업진흥원 5층 15호
전화 02-2691-3864
팩스 02-307-1225
전자우편 ewhabooks@naver.com

편집 정이화
디자인 책은우주다
마케팅 임동건

ISBN 979-11-90626-17-0 (43400)

대통령상 수상자들이 들려주는

과학대회의 모든 것

전국과학전람회

전국학생과학 발명품경진대회

필독서

김만용·김선아·김주휘·유동준·이경윤
이명규·이상일·이승택·정호근·하헌목 지음

이화북스

| 들어가는 말 |

이 책은 우리나라 최고의 과학대회에서 대통령상을 수상한 선생님들의 노하우를 담은 책입니다.

우리나라에서 가장 역사가 오래된 과학대회인 '전국과학전람회'와 '전국학생과학발명품경진대회'에서 학생을 지도하여 대통령 표창을 받은 선생님들과 본인의 작품을 '전국과학전람회'에 발표하여 대통령상을 수상한 선생님들 그리고 과학 교과서를 만들고 우수과학도서를 출간한 저자가 이 책을 썼습니다. 이렇게 과학 전문가들의 노하우를 한 권에 담은 이 책은 과학대회를 준비하는 학생과 선생님에게 많은 도움이 되리라 믿습니다.

대통령상을 받은 학생들은 우리나라를 이끌어가는 리더로 성장하여 활동하고 있습니다. 대통령 표창과 대통령상을 수상한 선생님들도 여전히 학교와 교육기관에서 우리 교육의 중요한 부분을 담당하고 있습니다.

전국과학전람회와 전국학생과학발명품경진대회는 학생과 교사가 참여할 수 있는 가장 수준 높은 과학대회입니다. 미래 과학기술을 이끌어갈 인재들이 잠재능력을 겨루고 권위 있는 과학자가 직접 심사에 참여하는 역사와 전통이 깊은 대회이기 때문입니다. 또 연구 아이디어 발견, 선행연구 분석, 이론 공부, 많은 실험 수행, 실험의 실패와 반복, 연구 보고서 작성, 포스터 제작, 발표 등 과학자가 실제로 하는 것은 미리 경험해 볼 수 있기 때문입니다. 그런 점에서 미래 과학기술자를 꿈꾸는 학생이라면 도전해 볼 좋은 기회라고 할 수 있습니다. 학교에서 경험할 수 있는 것 중에 이렇게 오랫동안 하나에 집중하여 큰 보람과 성과를 거둘 수 있는 일은 많지 않기 때문입니다.

이 책을 쓴 선생님들은 모두 서로 다른 작품으로 대통령상을 수상했습니다. 따라서 독자들이 다양하게 배울 수 있는 장점이 있습니다. 과학 동아리 활동을 하는 학생, 과학을 가르치는 교사, 또는 과학자의 꿈을 가진 자녀의 부모, 모두가 책 속의 이야기를 통해 배우고 깨달을 내용이 많을 것입니다.

또 이 책은 과학대회 외에도 학생들이 참여하는 여러 종류의 과학탐구 활동(과제연구, R&E, 자유탐구, 동아리 활동 등)을 지도하는 교사와 이를 준비하는 학생에게도 좋은 길잡이가 될 것입니다.

우리나라 미래 과학자를 키워내는 데 기여한다는 마음으로 이 책을 준비했습니다. 많은 분들이 이 책을 통해 도전하고 노력하는 계기가 되었으면 좋겠습니다.

저자 일동

차례

1부

과학작품 경진대회가 뭐야?

전국과학전람회
전국학생과학발명품경진대회

01

과학대회가 뭐야?

우리나라에서는 오래전부터 학생 및 일반인들을 대상으로 과학대회를 개최해오고 있습니다. 이러한 대회를 만든 이유는 우리나라의 경제성장의 기초가 되는 과학기술 발전이 중요하다고 생각했기 때문입니다. 이러한 대회들은 어릴 때부터 학생들에게 과학에 대한 호기심을 불러일으키고 미래의 과학자에 대한 꿈을 심어주는 중요한 역할을 하였습니다.

그렇다면 과학 관련 주요 대회로는 어떤 것들이 있을까요? 주최기관별로 구분하면 다음과 같은 대회들이 있습니다.

- **국립중앙과학관**(과학기술정보통신부): **전국과학전람회, 전국학생과학발명품경진대회**(이 2개 대회만 학생에게도 대통령상을 수여함)

- **특허청:** 대한민국학생발명전시회
- **한국과학교육단체총연합회:** 과학탐구실험대회, 자연관찰탐구대회, 과학동아리활동발표대회
- **한국과학창의재단:** 청소년과학탐구대회, 청소년과학동아리지원사업(YSC) 등

이 중 가장 대표적인 대회라 할 수 있는 전국과학전람회와 전국학생과학발명품경진대회에 대해서 알아보겠습니다.

1. 전국과학전람회

전국과학전람회는 과학과 관련된 주제를 탐구한 내용으로 자웅을 겨루는 대회입니다. 지역대회를 거쳐 전국대회에서 최고상인 대통령상을 받게 되면 무려 1천만 원의 상금을 받을 뿐만 아니라 큰 명예까지 누리게 됩니다. 이러한 전국과학전람회는 그 역사가 무려 우리나라가 일제로부터 독립한 직후인 1946년으로 거슬러 올라갑니다. 그 혼란스러운 시절에 과학대회를 열었다는 자체가 조금 놀라운데요. 광복 1주년을 기념하여 전국의 초·중등학교 학생을 대상으로 조선과학교육동우회가 '우리과학전람회'를 개최하였습니다. 그 뒤 1948년까지 3회에 걸쳐 계속되다가 1949년 10월 우리나라 국민이면 누구나 참여할 수 있는 제1회 전국과학전람회가 개최되기에 이릅니다. 이 전국과학전람회가 매년 정기적으로 개최되면서 오늘

날까지 이어지고 있는 것입니다.

전국과학전람회는 예선을 통과해 본선에 출품된 작품들을 대상으로 엄격한 심사위원회의 심사를 거쳐 대통령상·국무총리상·특상·우수상과 과학기술 관련 학회 및 재단에서 지원한 특별상을 시상하게 됩니다. 뿐만 아니라 본선에 출품된 작품들은 국립중앙과학관에서 일정 기간 특별 전시되며 지방의 과학기술 풍토 조성을 위해 지방학생과학관에도 순회하며 전시하게 됩니다.

어떤가요, 과학에 관심 있는 교사와 학생이라면 한번 도전해보고 싶은 마음이 생기지 않나요? 그렇다면 이 대회를 주관하고 있는 과학기술정보통신부가 내놓은 전국과학전람회의 대회 요강에 대해 좀 더 구체적으로 알아보도록 하겠습니다.

전국과학전람회 대회 요강

▪ 대회의 목적

과학기술에 대한 심도 있는 연구 활동을 장려하여 과학탐구심 함양 및 과학기술 발전에 기여하기 위함이다.

▪ 출품 부문

물리, 화학, 생물, 지구 및 환경, 산업 및 에너지(SW 또는 IT 분야가 융합되어 있는 분야 포함) 등 총 5개 부문

▪ 출품 자격 및 형태

학생부: 전국 초·중·고 재학생

교원 및 일반부: 유치원·초·중·고등학교 교원 및 일반인[1]

1 전국과학전람회는 교사와 일반인도 참가 가능한 것이 특징이다. 그러나 전국학생과학발명품경진대회는 학생만 참여 가능하다

※ 개인(1인) 또는 팀(2인 이상 3인 이내)으로 구성해야 합니다.

※ 단, 학생부 참가의 경우에는 교원 1인이 반드시 포함되어야 합니다.

※ 1인 1작품 출품을 원칙으로 하며, 최대 2점까지 출품 가능하나 그중 1작품은 반드시 단독으로 출품해야 합니다.

▪ 출품할 수 없는 작품

– 출품자가 직접 창안하여 연구한 것이 아닌 작품

– 입상 여부에 관계없이 국내·외 유사대회에서 이미 공개되었거나 발표된 작품

– 과학적 원리로 설명할 수 없는 작품

– 인체에 해로운 영향을 줄 수 있다고 인정되는 작품[2]

※ 지역대회 원서접수일 기준으로 공개된 작품은 출품 불가함

※ 표절작, 대리작, 타 대회 중복 응모 등 기타 이미 발표된 작품을 출품한 자는 3년간 출품 제한 및 입상 취소함

2

이런 규정 때문에 사람을 대상으로 실험하는 작품은 출품을 제한하고 있다.

▪ 대회 진행 – 지역대회 및 전국대회

– 학생부 참가자는 각 시·도 교육청이 주최하는 전국과학전람회 지역대회를 반드시 거쳐야 합니다. 또 지역대회와 전국대회 출품사항은 연구주제, 부문, 팀 구성원, 지도교원 등이 동일해야 합니다.

– 단, 일반인 및 해외 한국학교 학생 출품자는 지역대회를 거치지 않아도 되나 국립중앙과학관이 주관하는 예선심사를 받아야 합니다.

– 지역대회는 시·도별 자체일정에 따라 진행되며 자세한 사항은 해당 시·도 지역대회 주관기관에 문의하여 대회에 참가해야 합니다.

전체 대회 일정과 주요 내용

구분	일정	주요 내용	비고
지역대회	매년 10월경 ~ 다음 해 8월경	• 전국대회 출품작 선정(예선 필수) • 세부일정은 지역 주최기관에서 확인	각 지역대회 주관기관
원서접수	매년 9월경	• 각종 서류 구비 후 제출 • 각 지역대회 주관기관에서 취합·제출	
1차 심사 (서면)	매년 9월경 ~ 10월경	• 제출한 작품설명서 + 동영상에 대한 심사 • 선행기술조사 병행(중복성 여부 검토)	
2차 심사 (면담)	매년 10월경	• 각 부문별 면담심사	국립중앙과학관
작품전시	매년 10월경	• 전체 출품작에 대한 전시	국립중앙과학관
심사결과 발표	매년 11월경	• 국립중앙과학관 누리집 공고	www.science.go.kr
시상식	매년 12월경	• 수상자에 대한 상장 수여	국립중앙과학관

※ 상기 일정은 주최/주관 기관의 사정 등에 따라 변경될 수 있음

전국과학전람회는 참가 대상에 따라 학생부와 교원 및 일반부의 2개로 나뉩니다. 또 과학 분야에 따라 물리, 화학, 생물, 지구 및 환경, 산업 및 에너지의 5개 부문으로 나뉩니다. 학생부에도 5개 부문이 있고, 교원 및 일반부에도 5개 부문이 있습니다. 참가 대상과 과학 분야에 따라 나누어진다는 점을 참고하세요. 대통령상은 학생부문 1개, 교원 및 일반부문 1개로 매년 총 2개 작품에 주어집니다.

▪ 시상 내역

전국과학전람회의 시상 내역은 다음과 같습니다.

상명	대상	수량	시상 훈격	시상 내역	비고
대통령상	학생부	1점	대통령	상장 및 상금 1,000만 원 (지도 교원 500만 원 포함)	
	교원·일반부	1점		상장 및 상금 1,000만 원	
국무총리상	학생부	1점	국무총리	상장 및 상금 500만 원 (지도 교원 250만 원 포함)	
	교원·일반부	1점		상장 및 상금 500만 원	
부문별 최우수상	학생부	5점	과학기술정보통신부장관 산업통상자원부장관 환경부장관 해양수산부장관	상장 및 상금 100만 원 (지도 교원 50만 원 포함)	부문별 각 1점
	교원·일반부	5점		상장 및 상금 100만 원	
특상	학생부	75점	〃	상장 및 상금 40만 원 (지도 교원 20만 원 포함)	초·중·고 출품작 수 비례하여 분리심사 및 수상
	교원·일반부			상장 및 상금 40만 원	
우수상	학생부	100점	〃	상장 및 상금 20만 원 (지도 교원 10만 원 포함)	
	교원·일반부			상장 및 상금 20만 원	
장려상	학생부	110점 내외	과학기술정보통신부장관 국립중앙과학관장 과학기술관련학회, 단체 및 정부출연연구기관장 등	상장 및 상금 10만 원	
	교원·일반부			상장	

• 시상내용은 후원기관 협의 결과 등에 따라 달라질 수 있음

▪ 심사 기준 및 평가 내용

구분	심사기준	심사배점(100점)		
		1차 심사 (설명서)	1차 심사 (동영상)	2차 심사 (면담)
창의성 탐구성	– 작품의 우수성과 함께 출품자의 학력 수준에서 적합한 작품인지 여부, 본인의 노력 정도 – 과학적 착상(아이디어)의 독창성 – 문제해결을 위한 접근 방법 및 접근 과정에서의 창의성·탐구성	15점	15점	10점
이론적 타당성	– 작품의 목적, 과정, 결론의 명확성 여부 – 작품을 뒷받침하는 자료와 결론의 확실한 제시	10점	10점	10점
실용성	– 문제점의 해결이 가능하며 종전방식과 비교하여 개선과 발전정도 – 학문적 가치, 경제성, 현실성, 수요창출 효과	5점	5점	–
노력도	– 작품 제작과 출품과정에 출품자의 노력 및 직접 참여 정도(탐구일지 등 반영) – 단체작품은 출품자 전원의 참여 여부 및 역할, 노력 등 반영	–	10점	10점
합계		30점	40점	30점

심사 기준은 창의성 및 탐구성, 이론적 타당성, 실용성, 노력도의 4개 영역으로 구분할 수 있습니다. 작품을 계획하는 단계부터 심사 기준과 평가 내용을 미리 살펴보면서 작품 주제를 정하는 것이 좋습니다. 작품 계획 단계에서는 창의성 및 탐구성에 초점을 두고, 연구를 진행하면서는 이론적 타당성, 실용성 등을 보완해 나가야합니다. 노력도는 보고서의 짜임새와 완성도, 탐구일지(연구일지), 발표 등에서 드러날 수 있도록 준비하는 게 좋습니다.

2. 전국학생과학발명품경진대회

우리나라의 경제는 1970~1980년대를 거치면서 크게 발전하게 됩니다. 이와 더불어 과학기술 인재를 키우는 일이 중요한 문제로 떠오르게 되었습니다. 이러한 이유로 청소년을 대상으로 한 다양한 과학경진대회가 개최되었는데, 그중 가장 대표적인 대회가 바로 전국학생과학발명품경진대회입니다.

전국학생과학발명품경진대회는 청소년들이 과학발명을 통해 탐구심을 키우고 창의력을 개발하는 데 그 목적이 있습니다. 1979년 국립중앙과학관의 주관으로 제1회 대회가 개최된 이후 현재까지 매년 개최되어 오고 있습니다.

처음에는 최고상이 국무총리상이었으나 그 중요성이 더욱 커지면서 제7회 대회 때부터 최고상이 대통령상으로 격상되어 현재에

이르고 있습니다. (제11회 대회의 경우만 예외적으로 과학기술처장관상이 수여되었습니다.)

전국학생과학발명품경진대회는 최고상인 대통령상을 수상하게 될 경우 800만 원의 상금이 주어질 뿐만 아니라 큰 명예가 주어집니다.

전국학생과학발명품경진대회의 경우 일반 과학주제 탐구 중심인 전국과학전람회와 달리 '발명' 중심의 대회라는 점에서 발명에 관심이 있는 학생과 교사라면 한번 도전해볼 만한 대회라 할 수 있습니다.

이 대회는 과학전람회와 마찬가지로 과학기술정보통신부가 주최하고 국립중앙과학관이 주관합니다. 국립중앙과학관이 내놓은 전국학생과학발명품경진대회 요강에 대해 좀 더 구체적으로 알아보도록 하겠습니다.

| 전국학생과학발명품경진대회 요강 |

▪ 대회의 목적

학생들의 창의적인 아이디어를 구체화하는 과정을 통해 문제해결 능력을 배양하고 발명활동을 장려하는 데 그 목적이 있습니다.

▪ 출품 부문

자유주제(과학적 사고와 창의적 발명을 활용하여 직접 제작한 작품으로서 널리 보급할 가치가 있는 과학기술 창작품)

▪ 출품 자격

전국 초·중·고 재학생

▪ 출품 형태

팀으로 구성(학생 1인 + 지도 교원 1인)

▪ 출품할 수 없는 작품

– 국내·외 유사대회에서 이미 공개되었거나 발표된 작품

– 출품자가 직접 창안하여 연구한 작품이 아니라고 인정되는 작품

– 과학적 원리로 설명할 수 없는 작품

– 인체에 해로운 영향을 줄 수 있다고 인정되는 작품[3]

※ 지역대회 원서접수일 기준으로 공개된 작품은 출품 불가

※ 표절작, 대리작, 타 대회 중복 응모 등 기타 정당하지 못한 작품을 출품한 자는 3년 간 출품을 제한하고 입상을 취소

3 이런 규정 때문에 사람을 대상으로 실험하는 작품은 출품을 제한하고 있다.

▪ 대회 진행 – 지역대회 및 전국대회

가) 지역대회

– 출품자는 각 시·도 교육청이 주최하는 전국학생과학발명품경진대회 지역대회를 반드시 거쳐야 하며, 지역대회와 전국대회 출품 사항은 동일하여야 함.

※ 주제, 내용, 응모분야, 지도교원 등

– 지역대회는 시·도별 자체일정에 따라 진행

나) 전국대회

전체 대회 일정과 주요 내용

구분	일정	주요내용	비고
지역대회	매년 7월경 ~ 다음 해 6월경	• 전국대회 출품작 선정(예선 필수) • 세부일정은 지역 주최기관에서 확인	각 지역대회 주관기관
원서접수	매년 7월경	• 각종 서류 구비 후 제출 • 각 지역대회 주관기관에서 취합·제출	
1차 심사 (서면)	매년 7월경 ~ 8월경	• 제출한 작품설명서 + 동영상에 대한 심사 • 선행기술조사 병행(중복성 여부 검토)	
2차 심사 (면담)	매년 8월경	• 각 부문별 면담 심사	국립중앙과학관
작품전시	매년 8월경	• 전체 출품작에 대한 전시	국립중앙과학관
심사결과 발표	매년 9월경	• 국립중앙과학관 누리집 공고	www.science.go.kr
시상식	매년 10월경	• 수상자에 대한 상장 수여	국립중앙과학관

※ 상기 일정은 주최/주관 기관의 사정 등에 따라 변경될 수 있음

▪ 시상 내역

전국학생과학발명품경진대회는 전국과학전람회와는 다르게 지도교사를 둔 학생만 참여 가능합니다. 일반인은 참여할 수 없습니다. 전국과학전람회는 2~3명 학생의 팀 단위로도 참여할 수 있지만, 전국학생과학발명품경진대회는 학생 1명 자격으로만 참여해야 합니다. 전국과학전람회의 대통령상은 매년 2개가 주어지지만, 전국학생과학발명품경진대회는 매년 1개의 대통령상이 주어집니다.

<table>
<tr><th>상명</th><th>분야</th><th>수량</th><th>시상 훈격</th><th>시상 내역</th><th>비고(대상)</th></tr>
<tr><td rowspan="2">대통령상</td><td rowspan="2">종합</td><td rowspan="2">1점</td><td rowspan="2">대통령</td><td>상장</td><td>(학생)</td></tr>
<tr><td>상금 1팀
800만 원</td><td>(학생 400만 원)
(지도교원 400만 원)</td></tr>
<tr><td rowspan="2">국무총리상</td><td rowspan="2">종합</td><td rowspan="2">1점</td><td rowspan="2">국무총리</td><td>상장</td><td>(학생)</td></tr>
<tr><td>상금 1팀
400만 원</td><td>(학생 200만 원)
(지도교원 200만 원)</td></tr>
<tr><td>최우수상</td><td>3개
(초·중·고)</td><td>10점</td><td>과학기술정보통신부장관
교육부장관
산업통상자원부장관
환경부장관
해양수산부장관</td><td>상장</td><td rowspan="4">초·중·고
출품작 수
비례하여
분리심사 및
수상</td></tr>
<tr><td>특상</td><td>3개
(초·중·고)</td><td>50점</td><td>과학기술정보통신부장관
교육부장관
산업통상자원부장관
환경부장관
해양수산부장관</td><td>상장</td></tr>
<tr><td>우수상</td><td>3개
(초·중·고)</td><td>100점</td><td>과학기술정보통신부장관
교육부장관
산업통상자원부장관
환경부장관
해양수산부장관
중소벤처기업부장관
특허청장</td><td>상장</td></tr>
<tr><td>장려상</td><td>3개
(초·중·고)</td><td>139점
내외</td><td>과학기술정보통신부장관
중소벤처기업부장관
특허청장
국립중앙과학관장
한국연구재단이사장
한국과학기술기획평가원장
동아일보사장
한국야쿠르트사장</td><td>상장</td></tr>
<tr><td>학교단체상</td><td>초·중·고</td><td>17점</td><td>과학기술정보통신부장관</td><td>상장</td><td></td></tr>
</table>

- 시상 내용은 후원기관 협의 결과 등에 따라 달라질 수 있음
- 대통령상, 국무총리상을 포함한 모든 작품상은 학생에게만 수여
- 학교단체상은 우수작품을 많이 출품하고, 과학발명지도에 의욕적인 학교 중, 교육감 또는 지역예선 주관기관장이 추천하는 각 시·도별 1개 학교를 대상으로 시상

▪ 심사 기준 및 평가 내용

심사 기준은 창의성 및 탐구성, 실용성, 노력도, 경제성의 4개 영역으로 구분할 수 있습니다. 전국과학전람회 심사 기준의 '이론적 타당성'이 빠진 대신에 '경제성'이 추가되었습니다. 발명 대회의 특성상 제품이 되었을 때, 얼마나 경제성이 있는지 살피는 것은 당연한 심사 기준이라고 할 수 있습니다. 작품을 계획하는 단계부터 심사 기준과 평가 내용을 미리 살펴보면서 작품 주제를 정하는 것이 좋습니다. 발명 아이디어의 창의성, 실용성, 경제성은 서로 긴밀하게 연결되는 만큼 주제 선정 단계부터 이런 기준에 잘 맞는지 체크해보아야 합니다. 노력도는 보고서의 짜임새와 완성도, 탐구일지(연구일지), 발표 등에서 드러날 수 있도록 준비하는 게 좋습니다.

구분	심사기준	심사배점(100점)		
		1차 심사 (설명서)	1차 심사 (동영상)	2차 심사 (면담)
창의성 탐구성	- 작품 아이디어의 독창성 정도 - 작품 제작과정에서 도출된 문제해결 노력 및 능력 정도 - 작품의 학력(초·중·고) 수준에서의 창의성·탐구성 반영	15점	15점	10점
실용성	- 작품이 일상생활에서의 실제적 응용정도 - 기존작품 또는 제품과 비교하여 개선·발전시킨 정도 - 작품이 일상생활에 기여할 것으로 기대되는 정도	10점	10점	10점
노력도	- 발표에 대한 준비성(명료성 및 발표 자료의 적절성) - 작품의 제작과 출품과정에 학생의 노력 및 직접 참여 정도(탐구일지 실적 등을 반영)	-	10점	10점
경제성	- 작품 제작의 경비 절감 및 경제적 파급효과 - 수요창출 효과, 경제성, 현실성 여부	5점	5점	-
		30점	40점	30점

과학대회 핵심요약!

● 2대 과학대회 ●

1. 전국과학전람회: 과학과 관련된 주제를 탐구한 내용으로 자웅을 겨루는 대회. 지역대회를 거쳐 전국대회에서 최고상인 대통령상을 받게 되면 무려 1천만 원의 상금과 큰 명예를 얻게 됨

2. 전국학생과학발명품경진대회: 청소년들이 과학발명을 통해 탐구심을 키우고 창의력을 개발하는 데 그 목적이 있는 대회. 1979년 국립중앙과학관의 주관으로 제1회 대회가 개최된 이후 현재까지 매년 개최되어 오고 있음. 최고상인 대통령상을 받게 되면 8백만 원의 상금과 큰 명예를 얻게 됨

02

과학대회에 참여하면 뭐가 좋은 거야?

과학대회에 참여하면 좋은 점이 아주 많습니다. 특히 수학, 과학을 좋아하는 학생이라면 더욱 그렇겠지요. 이공계열 진로를 탐색할 수 있고 진학에도 도움이 됩니다. 또 작은 과학자로서 경험을 쌓을 수 있으며, 한 분야의 전문가가 될 역량을 키울 수 있습니다.

우선, 학생들은 대회에 참여하고 준비하는 과정을 통해 전혀 다른 방식의 공부를 하게 됩니다. 교과서를 통해 정해진 내용의 범위 안에서 공부하다가 과학대회에 참여하면 교과서를 뛰어넘는 경험을 쌓게 되죠. 과학대회에 참여하는 것은 과학자가 하는 일의 축소판과도 같습니다. 과학의 연구 방법은 가설을 세우고, 그것을 검증하는 실험으로 이루어져 있는데, 미래 과학자를 꿈꾸는 학생이라면 미리 그 과정을 경험하게 됩니다.

둘째, 과학대회를 준비하면서 한 분야의 전문가로 성장하게 됩니다. 예를 들어 '도롱뇽의 생태에 관한 연구'로 탐구한다면, 그 과정에서 도롱뇽의 종류, 서식 환경, 구조와 특성, 생활사, 행동 특성 등 도롱뇽에 대하여 매우 깊은 수준의 공부를 하게 됩니다. 물론 이런 내용을 공부하는 것이 학교의 학업 성적에 바로 도움이 되지 않는다고 생각할 수 있습니다. 하지만 한 가지 주제를 깊이 있게 탐구한 경험은 세상이나 사물을 바라보는 관점을 바꾸어주며, 공부하는 방법에도 좋은 영향을 미치게 됩니다. 대회를 통해 얻은 경험을 바탕으로 공부 습관을 바꾸고 진로 목표를 설정해나간다면 매우 큰 성장을 이룰 수 있습니다.

마지막으로 이공계 분야 진로 탐색에 아주 좋은 기회를 제공합니다. 이공계열은 과학, 기술(공학), 수학 등을 기초로 하는 분야를 말하는데요. 과학대회를 준비하면서 본인이 이공계열 분야에 소질이 있는지, 또 이 분야가 본인의 적성에 맞는지를 확인해 볼 수 있습니다. 이공계 분야도 매우 다양하기 때문에 그중에서 어떤 분야를 선택할지 고민해 보는 기회가 됩니다. 또 대회를 통해 상을 받게 되면 성취감, 자신감을 얻을 수 있으며 긍정적인 동기로 작용하게 됩니다. 과학대회를 통한 탐구 경험은 학교생활기록부 및 자기소개서 등에 반영하여 대학 진학에 도움이 될 수 있습니다.

과학대회 핵심요약!

● 과학대회에 참여하면 좋은 점 ●

1. 작은 과학자로서 과학자가 사용하는 방법을 그대로 경험할 수 있음
2. 한 분야의 전문가가 되며, 공부 습관 및 태도를 바꿀 수 있음
3. 이공계열 분야의 진로와 적성을 탐색하며, 진학에도 도움을 얻을 수 있음

2부

전국 과학전람회에 도전해봐!

03

전국과학전람회를 준비하기 전 알아두어야 할 것들

전국과학전람회를 준비하려고 할 때 가장 먼저 무엇을 해야 할까요? 우선 대회의 성격을 잘 파악하는 것이 중요합니다. 다음으로는 기존에 참여하여 수상했던 사람들의 작품을 보면서 어느 정도 감을 잡는 것이 필요합니다. 그렇다면 기존에 수상했던 과학 작품들은 어떻게 찾아볼 수 있을까요? 다행히도 이 대회를 주관하고 있는 국립중앙과학관의 웹사이트에 들어가면 역대 수상작들을 만나볼 수 있습니다. 작품보고서를 직접 다운로드 받아서 읽어볼 수도 있습니다. 역대 수상작을 검색하는 방법은 다음과 같습니다.

① **접속 방법:** 포털 사이트에서 '국립중앙과학관'을 검색 – 특별전·행사 – 전국과학전람회 – 전람회 통합검색

② **검색 방법:** 제목, 내용, 연도별, 회차, 수상자별 검색 가능

– **분야로 검색:** 물리, 화학, 동물, 식물, 지구과학, 농림수산, 산업 및 에너지, 환경 등(지금은 5개 과학 분야지만, 대회 요강이 바뀌기 전에는 위와 같이 총 8개의 분야였음)

– **수상자별 검색:** 대통령상, 국무총리상, 특상, 최우수상, 우수상, 장려상별로 작품 검색 가능

③ **활용 방법**

– 작품 요약 설명을 읽고, 보고서를 다운 받아 참고할 수 있으며, 보고서 양식으로 사용할 수 있음

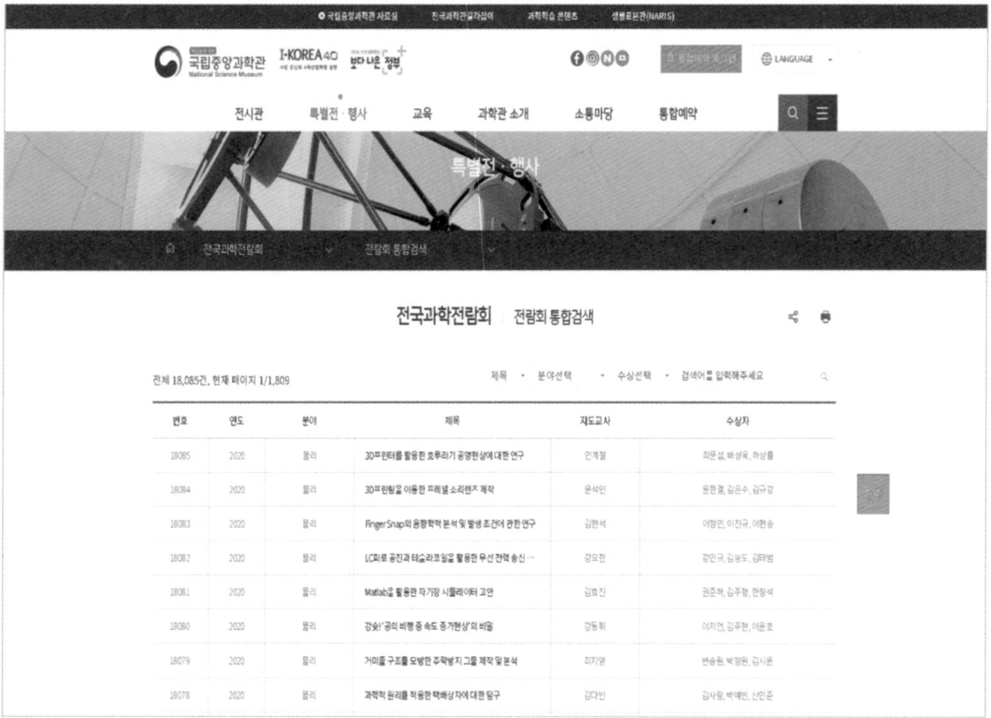

1. 역대 전국과학전람회의 작품 분석

출품작의 주제로는 물리·화학 영역은 꾸준히 출품되는 반면, 생물·지구과학 영역은 출품 비율이 상대적으로 적은 편입니다. 학교급별로는 초등학교와 고등학교의 참여율이 상대적으로 높았으나, 중학교의 참여비율이 낮은 편입니다. 고등학교의 참여비율이 높은 것은 전국과학전람회의 수상 실적이 대학 진학에 유리하게 작용하기 때문으로 풀이됩니다.

내용적인 측면에서 보면, 초기에는 대부분 출품 보고서의 분량이 10쪽 미만이었던 것에 비해 2007년 대회의 경우 50% 이상이 30쪽 이상이었으며 60쪽 이상의 보고서도 3.6%나 되었습니다.

연구기간 역시 점차 증가하여 초기에는 대부분의 출품작이 연구기간에 대한 언급조차 없었던 데 비해 2007년 대회의 경우 50% 이상이 6개월 이상 연구하여 출품한 것으로 나타났습니다. 또 초기에는 참고문헌, 기대효과를 기재하지 않은 경우가 많았으나 2007년의 경우 참고문헌은 90.7%가, 기대효과는 64.3%가 기재하고 있으며 그 내용도 점차 상세해지고 있습니다.

이러한 결과에서 알 수 있는 것은 전국과학전람회에 출품되는 작품들이 형식적, 내용적 측면에서 점차 수준이 높아지고 있고, 학생과 교사의 수준도 매우 높아지고 있다는 사실입니다.

환경 부문 작품은 초기에는 거의 없었던 데 비해, 1997년부터 점차 증가하여 최근 들어 큰 폭으로 증가하고 있습니다. 따라서 전국과학전람회가 시대적 변화를 반영하여 발전하고 있으며, 많은 학생과 교사들에게 사회적 추세에 맞는 과학적 관심을 이끄는 역할을 한다고 볼 수 있습니다.

앞에서도 언급했지만 전국과학전람회(과학전)는 학생으로 하여금 실제로 과학탐구를 체험하게 할 수 있는 방법입니다. 학생들은 연구 방법을 직접 체험하고 그 안에서 다양한 문제들을 해결하게 됩니다. 교사들은 이런 좋은 교육적 효과 때문에 학생들을 과학전에 참가시키고 있습니다. 또 과학전의 수상 경력은 대학 진학을 준비하는 학생에게 큰 도움이 되기도 합니다. 전국과학전람회의 교육적, 현실적 가치를 모두 고려해볼 때 학생 스스로의 힘으로 탐구를 수행하도록 유도하는 것이 중요합니다. 탐구 주제를 가능한 한 학교 교육과정에 포함되어 있는 것에서 발굴하여, 학생 자신이 배운 과학 내용과 지식을 활용하여 탐구해 나가도록 이끌어주어야 할 것입니다.

2. 전국과학전람회 최근 수상작들의 특징

다른 과학대회와 비교할 때 전국과학전람회의 가장 큰 특징은 무엇일까요? 과학탐구실험대회, 자연관찰탐구대회, 청소년과학탐구대회 등 다른 대회는 교사의 지도보다는 학생의 개인 능력에 많이 좌우됩니다. 그러나 전국과학전람회의 경우에는 학생과 교사의 팀워크가 중요하며, 교사의 지도경험과 역량이 중요하게 작용합니다. 과학적 이해와 인내심이 부족한 학생들을 데리고 상당히 오랜 기간 연구를 이끌어가야 하기 때문입니다. 교사도 끈기와 노력이 필요하며, 교사가 노력하는 정도에 따라 학생들은 크게 발전하고 성장하게 됩니다.

이러한 특징으로 인해 전국과학전람회에 주로 참가하는 대상은 다음과 같이 분류됩니다.

- 관심 있는 교사가 근무하는 학교의 학생
- 과학고, 과학영재학교의 학생
- 대도시의 관심 있는 부모님의 자녀
- 연구원, 교수, 교사 등의 자녀

그렇다면 최근 수상작들은 어떤 특징을 가지고 있을까요? 각 성격별 수상작들의 특징은 다음과 같습니다.

- **전체적으로:** 간단하면서도 창의성이 돋보이는 작품, 뛰어난 작품보다는 아이디어가 돋보이는 새로운 작품이 대체로 선정된다.
- **주제에서:** 학생 주변에서 아이디어를 얻은 작품이면서, 학생의 수준에 맞는 작품이 대체로 선정된다.
- **탐구과정에서:** 지나치게 전문적인 작품보다는 학생 수준에서 최선을 다했다고 판단되는 작품이 대체로 선정된다.
- **적용 및 발전에서:** 실제로 실용화되어 널리 사용될 가치가 있는 작품이 대체로 선정된다.
- **사회성이 반영된 작품:** 전통 문화재의 과학적 가치, 언론의 이슈가

된 소재(층간소음, 자원순환, 외래종 생물 등), **환경 보호 관련 주제 등이 선정 된다.**

과학대회 핵심요약!

● 전국과학전람회 준비 전 알아두어야 할 것 ●

1. 대회의 성격을 잘 파악하는 것이 중요
2. 기존에 참여하여 수상했던 사람들의 작품 분석
   - 물리·화학 영역은 꾸준히 출품되는 반면, 생물·지구과학 영역은 출품 비율이 상대적으로 낮음
   - 초등학교와 고등학교의 참여율이 상대적으로 높으나, 중학교의 참여 비율이 낮음

04

전국과학전람회 준비는 어떻게 해야 할까?

전국과학전람회에서 원하는 작품은 새로운 발명품이 아니라 우리 사회나 생활과 관련된 과학적 주제에 대한 탐구의 결과물이라는 사실을 잘 알고 있어야 합니다. 따라서 평상시 주변 사물과 자연에 호기심을 가지고 관찰하면서 생긴 궁금한 점을 잘 기억해 두어야 합니다. 주제를 잘 선택했다면, 주제에 맞도록 탐구과정을 잘 설계하여 실험하는 과정을 거쳐야 합니다. 그렇다면 전국과학전람회를 준비하는 구체적인 과정에 대해 알아보도록 하겠습니다.

1. 주제(아이디어) 찾기

먼저 주제를 선정하라

주제는 어떤 연구나 작품 제작에 있어서 얼굴이라고 할 수 있습니다. 그래서 작품을 제작할 때 가장 중요하고 신경 써야 하는 것이 주제입니다. 어떤 의미에서 보면 주제가 결정되면 작품 제작의 절반은 이루어졌다고 볼 수 있을 정도입니다.

주제가 이처럼 중요하기에 좋은 주제를 선정하는 일은 쉽지 않습니다. 어떻게 해야 좋은 주제를 정할 수 있을까요? 먼저 왜(why?)라는 의문에서 시작하는 것이 중요합니다. 누구나 평소 저건 왜(why?) 저럴까, 하는 의문을 품을 수 있습니다. 보통은 이 의문점을 그냥 지나치기 쉬운데 이제 과학대회라는 목표가 생겼으므로 의문점에 대해 어떻게(how?) 해결해 나갈 것인지 노력하는 태도가 필요합니다. 이 과정에서 여러 가지 아이디어가 샘솟고 이 아이디어들이 간단하고 명료한 주제 선정의 바탕이 될 수 있습니다.

좋은 주제를 선정하고자 할 때 유의할 점을 살펴보면 다음과 같습니다.

첫째, 주제는 참신하고 색다르며 연구할 가치가 있어야 합니다. 여기서 참신하다는 것은 국내외에 연구가 되어 있지 않다는 사실을 뜻합니다. 또 색다르다는 것은 비록 선행연구가 있을지라도 다르게 차별화할 수 있다는 사실을 말합니다.

둘째, 원 주제에서 파생되는 몇 가지 탐구 주제를 선정할 수 있고, 각각의 탐구 방법을 구체화할 수 있어야 합니다. 원 주제를 밝혀내기 위한 4~5가지 정도의 탐구 주제가 필요합니다. 쉽게 해결할 수 있는 탐구 주제부터 시작하여 꼬리에 꼬리를 무는 식의 탐구 주제를 선정하고 그 주제에 맞는 탐구 방법을 설계할 수 있어야 하는 것이죠.

셋째, 이론적 배경의 정립이 가능해야 합니다. 연구를 추진할 때 논리적 추리나 이론적 전개가 어려우면 작품을 깊이 있게 탐구할 수 없습니다. 탐구 주제에 따른 과학적 원리를 찾아 정확성과 타당성을 증명할 수 있어야 합니다.

넷째, 학생의 교육과정 수준을 고려해야 합니다. 아무리 좋은 작품이라 할지라도 학생이 이해하지 못하면 작품을 설명할 수도 없고 질문에 막힐 수밖에 없습니다. 대회를 준비하는 과정에서 도전하면서 진로를 탐색해 나갈 수 있어야 하는데 잘못하면 도전 정신을 키워나가는 것이 아니라 실패의 연속으로 인해 과학에 대한 흥미를 잃어버릴 수도 있습니다.

좋은 주제는 우리 가까이에 있다!

전국과학전람회 준비는 한두 번의 견학이나 체험으로 끝나는 활동이 아니라 지속적인 관찰과 탐구과정이 필요한 활동입니다. 따라서 좋은 주제를 찾기 위해 여러 가지 방법을 시도해보는 것이 중요합니다.

– 자연과 대화를 해보자

먼저 작품의 주제를 자연 속에서 찾는 방법이 있습니다. 둘러보면 자연은 온통 과학으로 둘러싸여 있습니다. 따라서 자연을 다니면서 관찰을 통하여 적절한 주제를 찾아낼 수도 있습니다. 대부분의 학생들은 내 앞에 보이는 것, 즉 정면만을 관찰하는 습관이 있습니다. 따라서 상하좌우 360도로 세심하게 관찰하는 방법을 가르치면 좋습니다. 그리고 사물을 대충 보지 않고 아주 자세하고 천천히 보도록 가르치는 것도 중요합니다. 이때 생기는 궁금한 점을 꼭 기록하도록 해야 합니다. 물론 학생들을 가르치기 위해서는 교사 또한 수없이 자연을 관찰하면서 질문을 해야 합니다.

제54회 대통령상을 수상한 "거미는 거미줄의 아침이슬을 왜 제거할까?"는 자연의 관찰로 주제를 찾아낸 대표적 작품입니다. 학교 화단에서 거미가 거미줄에 맺혀 있던 아침이슬을 제거하는 것을 발견하고는 이를 탐구하여 놀라운 성과를 거둔 것이지요.

– 영상매체도 과학으로 바라보자

텔레비전이나 영화 속에도 좋은 주제가 숨어 있습니다. 전국과학전람회를 몇 번이나 참여한 경험이 있는 한 학생이 과학 작품 주제를 선정하게 된 동기에 대해 다음과 같이 말했습니다.

"작년 가을에 과학 선생님께서 「된장」이라는 영화를 보여 주셨어요. 근데 영화 내용 중에 귀뚜라미가 메주에 붙어 좋은 메주를 만드는 장면을 보게 되었습니다. 너무나 뜻밖의 내용에 궁금증을 참을 수가 없었어요."

그는 궁금증을 해결하기 위해 탐구해 나갔고 결국 제59회 전국과학전람회에 "메주와 귀뚜라미의 만남, 그 후…!"란 주제로 출품하여 최우수상을 수상하였습니다.

– 선행연구를 차별화시켜 보자

민들레 갓털

민들레의 갓털들을 '후우~!'하고 불다보면 날아가지 않고 남는 것들이 있습니다. 그런데 바로 이 '민들레 갓털이 왜 날아가지 않고 남아 있을까' 하는 의문점에서 출발한 작품이 있습니다. "갓털이 펴진 민들레 봉오리야! 너는 왜 곤충들이 있니?"란 작품도 눈에 띕니다. 과학전람회에 한 번 출품된 작품일지라도, 전혀 다른 관점에서 다시 연구할 수도 있습니다. 과거에 출품되었던 작품 중에서 더 탐구해볼 만한 점을 발견하고, 새로운 관점에서 추가로 연구해보는 것도 좋은 방법입니다.

번호	연도	분야	제목	지도교사	수상자
38	2013	식물	우엉과 민들레가 제브라피시의 인지기능 및 학습에 미치는…	이○○	염○○
37	2012	식물	갓털이 퍼진 민들레 봉오리야! 너는 왜 곤충들이 있니?	김○○	김○○
36	2009	식물	누웠다가 일어서는 민들레 꽃대의 비밀	정○○	김○○, 경○○
35	2009	식물	민들레 속인 Taraxacum officinale과 Taraxacum corea…	황○○	이○○, 이○○, 차○○, 정○○
34	2009	농림수산	민들레 바이오센서를 이용한 수산식품 속의 과산화수…	김○○	이○○, 홍○○
33	2009	식물	누웠다가 일어서는 민들레 꽃대의 비밀(지도논문)	정○○	김○○, 경○○
32	2009	농림수산	민들레 바이오센서를 이용한 수산식품 속의 과산화수…	김○○	이○○, 홍○○
31	2008	식물	서양민들레(Taraxacum officinale Weber)씨앗의 빠짐	이○○	최○○, 곽○○
30	2008	식물	서양민들레(Taraxacum officinale Weber)씨앗의 빠짐	이○○	최○○, 곽○○
29	2007	식물	민들레 씨앗은 꽃대 위에서 왜 둥근 공모양을 만들까?	손○○	양○○

전국과학전람회 수상작 중에서 '민들레'와 관련된 작품. 구글에 "과학전람회 통합검색"이라고 찾은 후, '민들레'로 작품명을 검색하면, 총 38개의 작품을 확인할 수 있습니다. (38개 중 일부)

– 우리가 보존해야할 문화유산에서 찾아보자

우리 주변에는 보존해야 할 문화유산이 많이 있습니다. 우리 선조들의 과학적 지혜로움을 밝혀나가는 것도 전람회에 참가하는 학생에게는 꽤나 의미가 있는 교육이 될 것입니다. 문화유산과 관련된 작품들 중에서 "백제의 미소는 어떤 비밀을 가지고 있을까?"란 주제로 탐구하여 제58회 전국과학전람회 대통령상을 수상한 작품이 있습니다. 이는 국보 제84호인 서산 용현리 마애삼존불상이 '아침에는 밝고 평화로운 미소이다가 저녁에는 은은하고 자비로운 미소로 바뀌는, 즉 미소의 느낌이 시간에 따라 다르게 보인다'는 점에 대해 의문점을 가지고 주제를 선정하여 좋은 결과를 얻은 작품이라 할 수 있습니다.

서산 마애삼존불

■ 김만용 선생님이 소개하는 실제 탐구사례 ■

우리 고장에 있는 신두리 해안사구를 놀러갔다가 배등면이 주홍색을 띄고 있는 너무나 아름다운 거미 한 마리를 발견하였습니다. 그래서 한국거미연구소 김주필 박사님께 전화를 하였더니 우리나라에서 유일하게 1종만 존재하는 주홍거미(Ereus cinnaberinus Walckenaer, 1805)라 하시면서 예전에는 많이 발견되었지만, 요즘엔 보기 드문 멸종위기후보종(種)으로 그 생태가 밝혀진 것이 없다고 하셨습니다. 이에 궁금증이 생겨 인터넷을 조사해보니 사진작가나 곤충을 연구하는 사람들이 올려놓은 사진들을 볼 수는 있었지만, 그 내용을 자세히 알 수 없었습니다. 주홍거미에 대한 서식과 생태적 특성에 대한 연구가 얼마나 어려우면 자료들을 찾을 수 없는지 호기심

이 생겼습니다. 이에 신두리 해안 사구에 서식하는 주홍거미를 중심으로 그 생태를 4년이 넘게 연구하여 '주홍거미야! 머지않아 멸종되겠다. 너는 어떻게 사니?'란 주제로 전국과학전람회에 출품하여 특상을 수상하였습니다. 그런데 전국대회에 출품하기 한 달 전쯤, 서해안 사구들을 거의 조사한 후, 신두리 해안사구에만 서식하는 줄만 알았던 주홍거미가 강원도 영월군 남면에서도 수컷을 보았다는 소식을 듣게 되었고, 곧바로 영월에 가서 확인한 결과 12개체의 주거지를 찾을 수 있었습니다. 만약 다른 지역도 분포한다면 저의 연구와 어떤 차이가 있는지, 왜 신두리 해안사구와 강원도 영월군 남면의 두 지역에만 서식하는지, 아니면 전국적으로 분포하는지를 밝혀내고 싶은 마음이 강하게 들었습니다. 이에 "주홍거미여 지도"(제61회 최우수상)란 주제를 정하고 지속적인 탐사 활동을 하여 좋은 결과를 얻을 수 있었습니다.

– 우리가 보호해야할 멸종 위기종(또는 천연기념물)에서 찾아보자

모감주나무의 씨앗
위키피디아 © BETTY from MEMPHIS, TN, USA

"모감주나무의 씨앗은 왜 배를 타고 있을까?"란 주제로 탐구하여 제56회 전국과학전람회 국무총리상을 수상한 작품은 멸종 위기종(또는 천연기념물)에서 주제를 착안한 대표적 예입니다. 태안군 안면읍 승언리의 모감주나무 군락지는 천연기념물 제138호입니다.

– 교육과정 속 실험 장치를 개발해보자

염화수소와 암모니아가 반응하면 염화암모늄의 흰 연기가 생성됩니다. 이 실험에서 사용하는 기체 확산관은 수평으로 놓여 있고 기체 분자들은 수평 방향으로 확산하여 두 기체가 서로 만나는 지점에서 흰 연기를 발생시킵니다. 두 기체가 만난 지점까지의 거리를 재어 염화수소와 암모니아 기체의 확산속도와 분자량과의 관계를 그레이엄의 '확산 속도의 법칙'에 적용하여 알아보는 실험입니다.

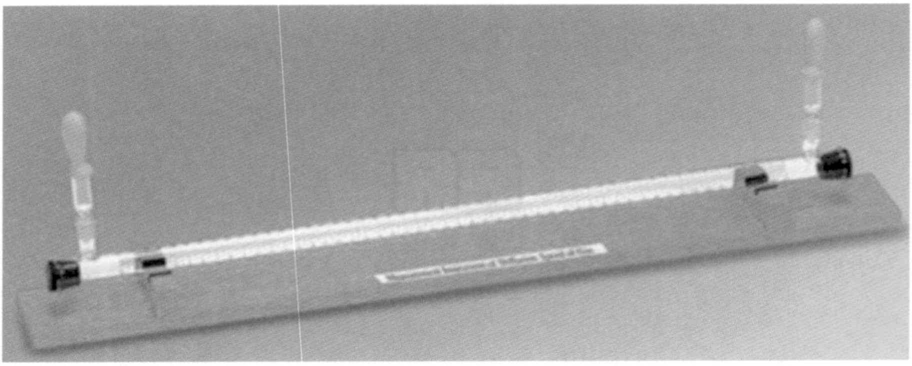

기체 확산관

그런데 관을 수직으로 세워 놓거나 수평이 유지되지 않으면 현재까지 알려진 기체의 확산 특성과는 아주 다른 결과가 나타납니다. 기체 확산관을 수평으로 유지하고 기체 확산을 할 경우 일정 위치에서 염화암모늄이 생성됩니다. 하지만 기체 확산관을 수직으로 세우고 기체 확산관의 상단에 염산을, 아래에 암모니아수를 위치하고 확산 실험을 하면 염화암모늄이 일정한 위치에서 생성되지 않고 상단의 염산 표면에서부터 방출되어 마치 눈가루가 떨어지듯이 낙하하는 현상을 볼 수 있습니다. 또 염화수소 분자와 암모니아 분자가 만나 염화암모늄이 생성되는 지점도 기체분자운동론으로도 설명하기 어렵고 생성된 염의 운동 형태도 이해하기 쉽지 않습니다. 한 선생님은 이러한 점에 의문을 가지고 "방향성에 의존하는 기체 확산의 특성에 관한 탐구"란 주제로 작품을 제출하여 국무총리상(제54회)을 수상하였습니다.

– 생활 속 경험에서 찾아보자

싱가포르 여행 중 보게 된 달은 우리나라에서 보았던 반달이 옆으로 누워 있는 모습이었습니다. 싱가포르는 적도 근처의 나라이고, 우리나라와는 위도가 32°~42° 정도 차이가 납니다. 이에 우리는 싱가포르에서 본 달의 모습과 우리나라에서 본 달의 모습이 다른 이유가 위도와 어떤 상관관계가 있는지에 대해 의문을 가지고 "위도에 따른 달의 모양 변화"(제66회 대통령상)란 주제로 작품을 만들어 좋은 결과를 얻을 수 있었습니다.

춘란이 어떻게 수분을 하는지 알아보고자 양봉하던 곳에 가지고 가서 벌의 움직임을 관찰하던 중 꿀벌한테 입술을 쏘였습니다. 시간이 흐를수록 입술이 부풀어 오르는 것을 보고 지도를 받는 학생이 웃고 난리가 났습니다. 이에 갑자기 의문이 생겨 주제를 "꿀벌의 침아! 너는 어떻게 살을 파고 들어가니?"(제57회 특상: 꿀벌의 침을 현미경으로 촬영하여, 돼지고기 등 살을 파고 들어가는 모습을 세밀하게 관찰하였습니다)로 바꾼 후 좋은 결과를 얻은 적도 있습니다.

학교의 언덕 아래에 있는 배수구에 떨어진 솔방울과 언덕에 떨어진 솔방울의 모습이 다른 것을 보게 되었습니다. 배수구에 떨어진 솔방울들은 모두 닫혀 있었고, 언덕에 떨어진 솔방울들은 모두 열려 있었습니다. 그것 참 이상하다! 불과 1m 차이인데, 솔방울이 왜 닫혀 있는지 궁금하였습니다. 자세히 관찰해보니 두 지역에는 물이 있고 없음의 차이 밖에는 다른 점을 찾을 수가 없었습니다. 그래서

"우리 학교 배수구에 떨어진 솔방울은 왜 닫혀 있을까?"(제55회 우수상: 솔방울은 자연의 습도계 역할을 합니다. 건조한 곳에서는 솔방울 사이가 멀어지지만, 습한 곳에서는 사이가 모두 닫히게 됩니다)로 주제를 정하여 좋은 결과를 낸 적도 있습니다.

2. 더 좋은 작품 제작을 위한 몇 가지 Tip

어떤 작품을 좋은 작품이라고 하는지는 전국대회 10년을 다녀보고 지도도 해보았지만 늘 궁금증으로 남습니다. 처음에 학생을 지도할 때에는 과학을 좋아하는 학생의 꿈을 키워줘야 한다고 생각해서 가능한 한 학생 스스로 모든 것을 하도록 하였습니다. 그래서인지 항상 제출일이 될 때까지 시간에 쫓기는 경우가 많았고 지역대회에서 세 번이나 떨어지기도 했습니다. 돌이켜보면 대회 특성도 모른 채 마냥 탐구 중심으로 학생과 함께 지냈던 시간도 좋았으나 전국대회까지 나가본 학생들에게 더 큰 인생의 영향력을 준 것 같다는 생각이 듭니다. 지금까지의 경험을 바탕으로 어떻게 전국대회까지 나가게 되었는지 그 이유 몇 가지를 찾아보면 아래와 같습니다.

학생 작품의 주인공은 학생이다

과학 작품을 준비하는 과정에서 교사와 학생은 어떤 관계를 유지해야 하는가, 이것은 참으로 어려운 문제가 아닐 수 없습니다. 학생 작품을 준비하는 것이라면 교사는 조력자의 역할을 해주어야 합니다. 그런데 학생이 잘 따라와 주지 않는다면 어려움에 봉착할 수 밖에 없습니다. 학생은 자신의 힘으로 의문점에 대한 해답을 얻었을 때만이 성취라는 기쁨을 맛볼 수 있습니다. 하지만 과학을 매우 좋아하는 학생이라 할지라도 교사를 뛰어넘을 만큼 유능한 학생을 만나기란 참으로 어렵습니다. 이 문제를 해결하기 위해 교사는 학생과 공감대를 형성하도록 노력해야 합니다. 교사가 조력하는 입장에서 자유로운 탐구활동을 할 수 있도록 여건을 만들어주면 학생은 자신의 방법으로 해결하는 힘을 기르게 됩니다. 가장 안 좋은 방식은 학생이 교사의 지시에 따라서만 탐구활동을 하는 것입니다.

그런 점에서 전국과학전람회를 준비하기 위한 팀 구성은 주제 선정만큼이나 중요한 부분입니다.

전국과학전람회 규칙상 교원 및 일반부는 개인으로 참가할 수도 있으나 학생의 경우에는 지도교사와 함께 팀을 이루어 참가해야 합니다. 따라서 전국과학전람회 참가를 꿈꾼다면 팀 구성을 먼저 하는 것이 좋습니다. 그래야 팀워크를 이루면서 서로에게 맞는 주제를 선정하고 시너지 효과도 얻을 수 있기 때문입니다.

교사가 학생과 팀을 구성할 때 똑똑한 것보다 인성적인 측면이 더 중요하다는 사실을 기억해야 합니다. 똑똑하면 좋겠지만 인성이 부족하면 함께 탐구하기가 힘들어지기 때문입니다. 과학 작품을 함께하기에 좋은 인성은 남을 배려하는 학생(선생님과 팀 동료를 생각할 줄 아는 학생), 성격이 활발한 학생(여러 사람에게 자문을 구할 때 적극적인 학생), 열심히 노력하는 학생(포기를 모르고 끝까지 노력하는 학생) 등이 있습니다.

선행연구(작품)를 철저히 분석하라

– 선행연구 논문 조사의 예

주필거미박물관에서 한 편의 논문집을 받아 읽던 중 다음과 같은 주홍거미에 대한 내용을 알 수 있었습니다.

논문	내용 및 특징
신두리 사구에 서식하는 주홍거미의 생태학적 고찰	▪ 수컷의 활동 시기 및 시간 ▪ 암컷 주홍거미 서식처 1개체 발견 후 사육 ▪ 짝짓기 및 산란 시기 추정 ▪ 어미 암컷이 죽어 있음(부성애와 모성애) ▪ 새끼 주홍거미의 먹이 활동과 생활

– 전국과학전람회 작품 조사의 예

국립중앙과학관 과학전람회 통합검색에서 "거미"로 검색하여 다음과 같이 이전에 출품된 작품들의 내용을 살펴볼 수 있었습니다.

구분	작품명	내용
1981	▪ 호랑거미의 거미줄 관찰	▪ 거미줄의 구조 ▪ 거미그물 치는 순서
1987	▪ 거미는 먹이를 어떻게 구하는가?	▪ 먹이포획 ▪ 생활방식
1995	▪ 거미줄 구조에 관한 형태 비교	▪ 거미줄의 종류 ▪ 그물 형태
1999	▪ 호랑거미 생활사에 대한 우리들의 탐구	▪ 먹이포획 ▪ 위협 시 행동
2002	▪ 거미줄의 물리적 특성에 관한 연구	▪ 거미줄과 거미그물의 특징
2002	▪ 산왕거미의 둥근 그물에 대한 우리들의 탐구	▪ 거미그물 치는 순서 및 특성

2007	▪ 부채유령거미는 몸을 왜 격렬하게 흔들까?	▪ 자극에 대한 반응 ▪ 자기보호
2007	▪ 거미는 어떻게 먹이를 잡을까?	▪ 거미줄의 특징 ▪ 먹이의 위치 ▪ 먹이에 대한 반응
2008	▪ 거미는 거미줄의 아침이슬을 왜 제거할까?	▪ 거미그물의 훼손, 접착력 약화 ▪ 먹이 인식 저하

– 조사활동을 통한 분석

선행조사 및 탐사활동을 통하여 다음과 같은 사실을 알 수 있었습니다. 국립농업과학원 곤충산업과 이○○ 박사가 암수 한 개체를 발견하여 직접 키우다가 1월에 동사로 죽는 바람에 그때까지 관찰한 사항을 정리하여 한국거미학회지에 보고했습니다. 그런데 이는 실내 관찰이었고, 상당 부분이 추론에 근거한 자료들이었죠. 또 인터넷에 탑재된 주홍거미 관련 사진과 동영상 등은 이를 올린 교사가 작년에 한국거미연구회와 탐사활동을 하면서 발견한 수컷과 암컷들을 직접 사육하면서 관찰한 내용이었습니다. 이 또한 실내에서 사육한 탓으로 본 연구의 방향과는 상당히 달랐습니다. 신두리 해안사구 37마리와 강원도 영월 12마리의 거주지에 서식하는 주홍거미의 생태 연구를 통해 새로 밝혀낸 많은 사실들은 그 내용에 있어 차별화가 가능하다고 판단되었습니다.

연구(탐구) 방법을 잘 구상하라

연구를 진행하다보면 일이 너무 쉽게 풀리는 경우는 별로 좋은 성적을 얻지 못하는 경우가 많습니다. 그러나 방법을 찾지 못하여 고민하다가 가까스로 찾아낸 방법으로 실험을 하여 결과를 도출했을 때는 오히려 예상보다 훨씬 좋은 성적을 받을 때가 있습니다.

학생 작품은 학생다운 재미가 있는 기발한 아이디어가 중요합니다. 거미가 어떻게 먹이를 감지하는지, 아침이슬은 먹이 감지에 어떤 영향을 주는지, 또 진동수 변화를 알아내기 위해 참으로 많은 고민을 하였습니다. 거미 박사를 만나서 탐구 방법을 물어보았더니 트럭 세 대 정도의 장비가 필요하다는 암담한 대답을 하셨습니다.

그러다가 우연히 '종이컵 전화기 원리'를 적용해 보았습니다. 종이컵 전화기를 만들고 2명, 4명, 6명, 8명 이렇게 실을 교차해가면서 하는 것이었는데 '바로 이거야' 하고 외치면서 적용하게 되었습니다. 그 아이디어의 변화 과정은 다음과 같습니다.

기타줄을 이용한 소리 전달 실험

- 진동수를 파악하기 위하여 '기타줄을 튕겨 본 후 어떻게 하면 소리를 들을 수 있을까?' 라고 생각하여 종이컵 전화기 원리를 이용하기로 하였다.
- 소리굽쇠 반응 실험에서 확실히 소리를 들을 수 있었다.

니크롬선을 이용한 진동 전달 실험

- 진동하는 모습을 볼 수 있지 않을까 하여 쟁반에 니크롬선이 닿을 만큼의 물을 넣고, 소리굽쇠로 그 반응을 보았다. 가로줄, 세로줄, 기초실, 신호줄 모두 진동수는 전달되었고, 물의 표면에도 진동하는 모습을 알 수 있었다.

제작을 위한 토의

- 우리가 조사한 거미그물의 특징을 적용하여 제작한다.
- 식물체의 탄성을 이용하는 것을 감안하여 용수철을 기초실 주변에 단다.
- 각도 조절의 편리성을 위해 물로켓 발사대를 활용한다.
- 진동수의 전달 과정은 종이컵 전화기 원리를 적용한다.
- 신호줄 끝에 종이컵 전화기를 달아 소리의 세기로 파악한다.

거미그물 실험세트의 크기

- 가로 : 52cm
- 세로 : 52cm
- 높이 : 70cm
- 그물의 좌·우 크기: 19cm
- 그물의 상 크기 : 15cm
- 그물의 하 크기: 25cm
- 그물의 신호줄 길이 : 2m
- 거미집 : 종이컵

탐구내용 중에 〈의문〉이나 〈가설〉을 사용하라

해결하기 어려운 문제가 적당히 발생할수록 좋은 작품이 될 가능성이 높아진다는 사실을 알아야 합니다. 연구문제를 풀어나가다 의문점이 발생하였을 때, 다시 의문을 해결하기 위한 계획을 세우고 해결해 나가고, 꼬리에 꼬리를 무는 이러한 과정이 여러 번 진행될 때 작품의 수준이 높아지기 때문입니다.

가설은 예상되는 결과를 바탕으로 의문형으로 설정하는 것이 좋습니다. 그러나 가끔은 가설이 바르게 설정되지 않아 결과가 전혀 다르게 나올 수가 있습니다. 이럴 경우에는 가설을 수정하고, 다시 탐구 설계를 해야 합니다.

다음은 '아침이슬이 먹이 접착력에 차이를 줄까?'를 대조 실험하였던 과정을 나타낸 것입니다.

이슬이 없을 때	이슬이 있을 때
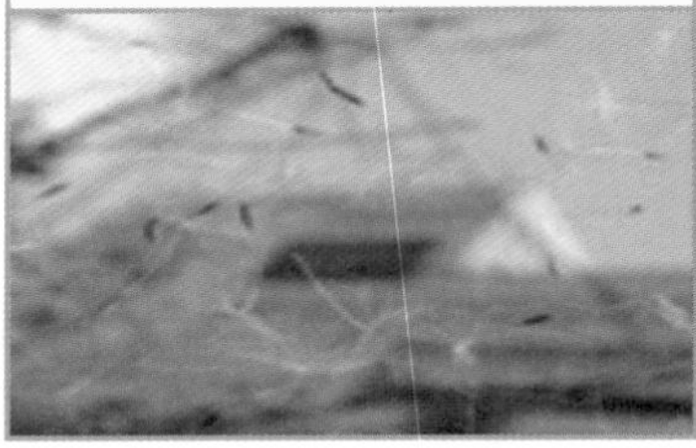	

위처럼 실험하였던 것을 조금 더 과학적으로 증명하기 위해 아침이슬이 점액성 방울에 어떤 영향을 주는지 의문스러워 현미경으로 확인하였습니다.

환경 조건에 따른 가로줄의 변화				
이슬이 있을 때	증발하는 비커 위에 올려놓았을 때	햇빛에 말린 후	가로줄 변화 후 커버글라스로 덮여서 말릴 때	가로줄 변화 후 빨대로 입김을 불 때
 완전히 녹음	 녹는 중	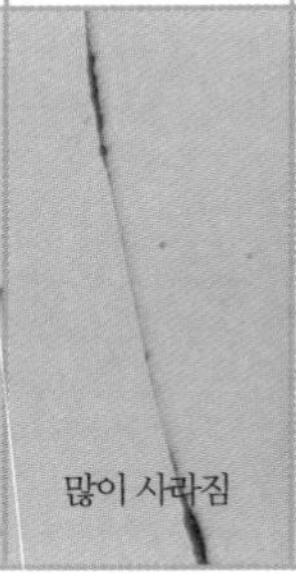 많이 사라짐	 많이 이탈됨	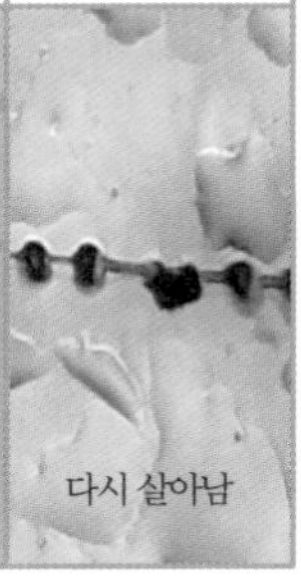 다시 살아남

전문가에게 조언을 구하라

연구를 진행하다 보면 연구자 혼자의 힘으로 되지 않을 때가 많습니다. 전문적인 조언이 필요하면 연구소 등 관련된 기관을 찾아가서 조언을 구하는 것이 좋습니다. 과학탐구 경험이 많은 교사 또는 교수의 조언을 듣는 것도 좋은 방법입니다.

탐구를 처음 진행하다보면 궁금한 점이 많이 생기는데, 이런 대회를 먼저 경험한 멘토의 도움이 필요합니다. 전국과학전람회와 전국학생과학발명품경진대회는 역사가 오래되었기 때문에 주변에 노하우를 가진 선생님들이 있습니다. 이들을 멘토로 삼아 어깨 넘어 보고 듣고 자문을 구하면 많은 도움을 받을 수 있습니다. 멘토 선생님과 대화하면서 아이디어도 얻을 수 있고 연구 방향을 잡는 데도 도움을 얻을 수 있습니다.

그리고 대학이나 연구소 등의 전문가를 만나기 위해서는 사전에 연락하여 약속 시간을 잡는 것이 좋습니다. 저는 거미 박사님을 만나러 무작정 올라갔던 적이 있었습니다. 마침 박사님께서는 학회에 가야한다며 30분 정도만 시간을 내어 주셨는데 매우 부족한 시간이었습니다. 지금 생각하면 참으로 무모했던 것 같아 웃음이 나옵니다. 결국 추가 질문을 하려고 다시 시간 약속을 잡고 방문했습니다.

만나러 갈 때에는 꼭 조언을 구하고 싶은 내용과 작품 설명서를 인쇄하여 가져 가서 탐구과제마다 실험결과에 대한 과학적 타당성과 정확성을 검증받는 것이 좋습니다.

3. 강력하게 돋보이는 탐구계획서 작성하기

전체적인 탐구계획서 만들기

길을 찾을 때 지도가 있으면 편리하게 길을 찾을 수 있는 것처럼 탐구계획서를 만들어 놓으면 계획서에 따라 연구과정을 효율적으로 진행할 수 있습니다.

탐구계획서는 10~11월경에 제출하기 때문에 미리 작성하는 것이 좋습니다. 탐구계획서는 실제 수행 계획이 한눈에 드러나도록 1~2쪽 분량으로 작성하면 좋으며 말 그대로 계획서이기 때문에 언제든지 수정하거나 보완할 수 있습니다.

탐구계획서 작성요령

전체체제 및 작성요령	1. 탐구동기 및 목적 2. 탐구내용 가. 탐구과제 1 – 1), 2), 3) 나. 탐구과제 2 – 1), 2), 3) 다. 탐구과제 3 – 1), 2), 3) 3. 탐구결과 가. 탐구과제 1의 결과 나. 탐구과제 2의 결과 다. 탐구과제 3의 결과 4. 결론 및 기대 효과	1. 탐구동기는 학생의 관점에서 왜 시작하게 되었는지 간단히 작성 2. 탐구과제는 대 탐구과제 3~4개, 소 탐구과제 3~4개를 선정 3. 탐구과제별로 어떤 방법으로 해결할지 적는 것도 좋음 4. 탐구결과는 소 탐구과제별로 얻을 수 있는 예상 결과를 작성 5. 결론 및 기대효과는 예상 결과에 따라 실생활에 적용할 수 있는 발전가능성을 중심으로 작성

작품 제작을 위한 흐름도 작성

주제를 선정하고, 작품을 어떻게 제작해나가야 하는지 그 과정을 기록하며, 과학적인 실험을 통해 검증해보기 위해서 다음과 같이 흐름도를 만들어보는 것도 매우 좋습니다.

– **전체 흐름도 작성**

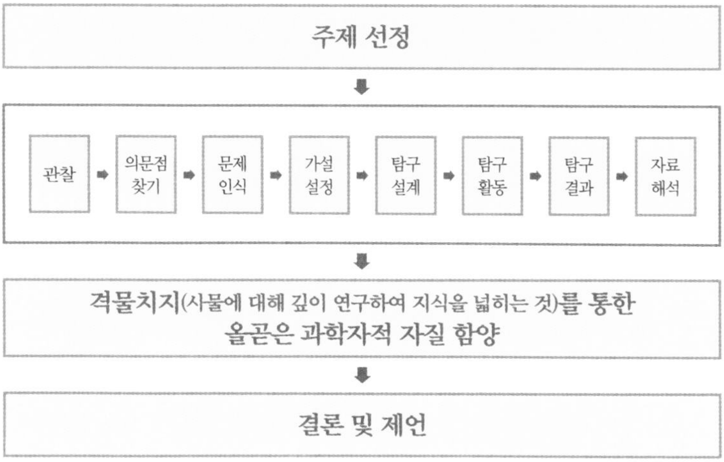

– **나의 연구 이야기 노트를 위한 흐름도 작성**

- 학생이 탐구해나갈 순서를 함께 토의하면서 4~5개 정도의 탐구 과제 핵심 내용들을 선정합니다.
- 핵심 내용의 순서는 학생이 스스로 해나갈 수 있도록 쉽고 간단한 것부터 단계적으로 수준을 높여갈 수 있도록 정합니다.
- 단계별 탐구과제의 핵심 내용에 대해 탐구해야 할 사항들을 추출하여 분류합니다.
- 2인 이상의 팀으로 구성될 때는 학생의 장점을 나타낼 수 있도록 역할을 분담합니다.

다음은 특상을 수상한 거미 작품의 흐름도를 나타낸 것입니다.

탐구 순서	핵심 내용	추출 요소		역할 담당
1	큰새똥거미	▪ 큰새똥거미의 외형적 특성 (알, 새끼, 암컷, 수컷)	➡	김○○
2	알집을 만드는 식물 특성	▪ 알집의 전체 구조 ▪ 알집의 세부 구조와 기능 탐구 ▪ 알집을 치는 식물 조사 및 분류 ▪ 알집의 위치	➡	김○○
3	알집의 안전성	▪ 식물의 가지가 가지는 탄성력 ▪ 알집의 무게중심 ▪ 알집의 세부 구조와 버티는 힘 (힘의 합력과 분해) ▪ 외부 자극에 대한 안전성	➡	정○○
4	알집을 진자처럼 만드는 이유	▪ 알집의 운동 요인 및 그 특성 ▪ 알집을 저해하는 요인(천적) ▪ 부화 조건의 타당성 – 온도, 습도, 산소 유지 및 전란 효과	➡	김○○
5	알집을 여러 개의 진자처럼 만드는 이유	▪ 알집의 배치와 특성 ▪ 안정적 구조 ▪ 천적에 대한 대비 ▪ 부화 조건의 타당성	➡	정○○

작품 흐름도 예시

위와 같은 작품 흐름도가 완성되면, 아래와 같이 탐구내용을 이야기처럼 다시 표현할 수 있습니다. 위 흐름도를 참고하여 한 페이지짜리 이야기 흐름도를 만들 수 있습니다. 이렇게 완성한 이야기 흐름도는 비록 한 페이지에 불과하지만, 처음부터 끝까지 작품을 탐구하는 동안 나침반과 같은 역할을 하게 됩니다. 따라서 최대한 고민하면서 신중하게 작성하는 것이 좋습니다. '시작이 반이다'라는 말처럼, 이야기 흐름도를 완성하면 반은 성공했다고 봐도 좋을 것입니다.

주제

큰새똥거미는 알집을 대롱대롱 매달아 놓았을까?

첫 번째 이야기

큰새똥거미야! 네 이름 참 재미있구나.

의문점 1

큰새똥거미야! 너는 새똥을 맞은거니?

과제 1

- 알의 형태와 특성
- 새끼의 형태와 특성
- 수컷의 형태와 특성
- 암컷의 형태와 특성

두 번째 이야기

큰새똥거미야! 너는 어디에 알집을 만드니?

의문점 1

큰새똥거미의 지붕을 가진 알집은 어떻게 생겼을까?

과제 1

- 전체 구조 (상하좌우)
- 지붕 구조 (상하좌우)
- 지붕유무에 따른 식물
- 알집 구조 (상하좌우)

의문점 2

큰새똥거미는 어떤 식물에 알집을 만들까?

과제 2

- 알집이 달린 식물 및 분류
- 알집이 달린 위치 (지면으로부터, 가지 끝부터)

세 번째 이야기

큰새똥거미의 알집은 진자! 너는 왜 흔들려야 하니?

의문점 1

큰새똥거미의 알집은 얼마나 튼튼할까?

과제 1

- 가지의 상하좌우 움직이는 폭 변화와 버티는 힘
- 무게중심
- 알집의 세부 구조에 따른 버티는 힘
  - 식물+알집
  - 알집
  (지지대의 수와 구조, 연결 방법에 따라)

의문점 2

큰새똥거미의 알집은 왜 처마 끝에 진자처럼 만들까?

과제 2

- 알집 운동요인
- 과학적 원리
- 외부 충격에 대한 안전성
  - 충격 흡수
- 알집 저해 요인 (천적의 수, 이동 경로, 공략 기법, 감지와 대비, 보호색, 알집 모양의 타당성)
- 부화 조건에 알맞은 구조
  - 온도유지(입사량과 알집 운동, 단열 구조)
  - 습도유지(잎의 뒷면에서 증발량과 습도 변화, 비 덜맞기와 털기, 말리기)
  - 산소 공급
  - 전란 효과

의문점 3

큰새똥거미의 알집은 왜 여러 개의 진자로 만들까?

과제 3

- 알집의 배치와 특성(알집 한 개당 알의 수, 전체 알의 수, 부피, 무게, 알집의 간격)
- 안정적 구조의 타당성
- 천적에 대한 대비 (크게 보이는 효과, 알집 간격과 천적의 이동)
- 부화 조건
  - 표면적넓히기(온도, 습도, 산소 유지)
- 알집의 개수(전란 효과)

첫 번째 이야기

결론

두 번째 이야기

결론

세 번째 이야기

결론

전체

결론 및 제언

작품 이야기 흐름도 예시

과학대회 핵심요약!

전국과학전람회 준비 방법

1. 주제 찾기: 우리 가까이에서, 자연 속에서, 영상매체 속에서, 선행연구 속에서, 문화유산 속에서, 멸종위기종에서, 기존 교육과정 속에서, 생활 속 경험에서 등

2. 더 좋은 작품을 위한 팁
   - 학생 작품의 주인공은 학생!
   - 선행연구(작품)를 철저히 분석
   - 연구(탐구) 방법을 잘 구상
   - 탐구내용 중에 〈의문〉이나 〈가설〉을 사용
   - 전문가에게 조언

3. 강력하게 돋보이는 탐구계획서 작성
   - 작품 제작을 위한 흐름도 작성

05

전국과학전람회 탐구과정에서 실제 출품까지!

(예시: 백제의 미소는 어떤 비밀을 가지고 있을까?)

구글 인공지능 알파고가 인간 바둑 1등 이세돌을 꺾어 세상을 놀라게 했습니다. 대부분의 사람들은 바둑만큼은 인간이 질 수 없다고 예상했습니다. 이 사건은 이제 우리 삶을 바꾸고 있습니다. 과거에는 기계(컴퓨터)가 인간이 주입한 기억(메모리)을 바탕으로 단순히 실행하는 역할을 했다면, 이제는 스스로 학습해 인간의 능력을 추월하는 인공지능이 등장한 것입니다.

이처럼 4차 산업혁명 시대가 우리에게 아주 가까이 다가왔습니다. 인공지능, 사물인터넷, 로봇기술, 드론, 자율주행차, 가상현실이 우리의 삶을 통째로 바꾸고 새로운 질서를 만들게 될 것입니다. 앞으로 이러한 시대에 살아갈 여러분들에게 가장 요구되는 것은 바로 '창의력'입니다.

생활 속에서 문제를 발견하고, 이를 해결하기 위해 체계적으로 계획을 세우고, 창의적인 방법으로 탐구를 진행하며 해결하는 전 과정 속에서 창의력이 무한히 발현될 것입니다. 지금부터 제58회 전국과학전람회에서 대통령상을 수상한 "백제의 미소는 어떤 비밀을 가지고 있을까?"의 주제 선정부터 대회 발표까지의 전 과정을 여러분과 함께 알아보도록 하겠습니다.

충남 서산시 운산면 가야산의 용현 계곡을 따라 올라가면 절벽에 새겨진 불상을 볼 수 있습니다. 이 불상은 바위벽을 깎아 3명의 부처님을 조각한 것입니다. 서산마애삼존불상이라고 하죠. 이 부처님의 미소가 아름다워 사람들은 백제의 미소라고 부릅니다. 정말 신기하게도 빛의 방향에 따라 표정이 다르게 보인다고 알려져 있습니다. 백제의 미소는 빛과 관련 깊을 것이라는 가설을 검증해나가면서, 천 년 전에 서산마애삼존불상을 절벽에 깎아 제작한 백제인의 과학적 우수성을 밝힌 작품을 소개하겠습니다.

1. 탐구 동기

원래 알고 있던 사실도 되짚어 보기

백제의 미소라 불리는 서산마애삼존불상은 빛의 방향에 따라 미소가 다르게 보인다는 사실은 누구나 알고 있습니다. 몇 년 전만 하더라도 서산마애삼존불상을 보호하기 위한 누각을 세우고, 관리인이 전등의 방향을 이리저리 움직이며 미소의 변화를 보여주었습니다. 지금은 불상의 보존 상태를 유지하기 위하여 누각은 철거한 상태입니다.

우리는 빛의 방향에 따라 달라지는 미소가 불상의 구조와 어떤 관련이 있는지 궁금하였습니다. 그리고 백제의 미소가 잘 보이는 특정 시간이 가진 비밀을 알고 싶어 "백제의 미소는 어떤 비밀을 가지고 있을까?"를 탐구하였습니다.

2. 탐구 과제 선정

탐구 과제 선정

'미소가 다르게 보인다'는 것은 주관적인 느낌이어서 과학적으로 수치화, 객관화하기가 어려웠습니다. 그래서 우리는 '미소'의 기준을 객관화하기 위한 탐구가 필요하다고 판단했습니다. 이러한 탐구를 진행하기 전에 점검해야 할 사항들이 있었습니다.

첫째, 학생 수준에서 탐구가 가능한가?

둘째, 과학적이며 탐구할 만한 가치가 있는가?

셋째, 기존 작품과 차별화된 독창적인 아이디어가 있는가?

넷째, 탐구 과제들을 연결하는 스토리가 있는가?

다음은 우리가 선정한 탐구과제입니다.

탐구 과제 1 — 웃는 표정의 기준 탐구
① 하루 동안 불상의 얼굴 표정은 다르게 보일까?
② 과연 하루 동안만 다르게 보일까?
③ 웃는 표정의 기준은 무엇일까?
④ 웃는 표정의 기준을 어떻게 측정할까?

⬇

탐구 과제 2 — 백제의 미소를 볼 수 있는 조건 탐구
① 태양고도에 따라 미소가 다를까?
② 방위각에 따라 미소가 다를까?
③ 백제의 미소는 언제 볼 수 있을까?

⬇

탐구 과제 3 — 불상의 위치와 미소와의 관계 탐구
① 불상이 기울어진 각도는 미소를 잘 보이게 할까?
② 왜 동동남을 바라보게 만들었을까?

3. 사전 탐구

정말 하루 동안 미소가 다르게 보일까?

백제의 미소가 빛의 방향에 따라 다르게 보인다는 사실은 익히 알고 있었지만, 실제 미소를 오랜 시간 관찰한 적은 없었습니다. 그래서 학생들과 2012년 2월, 4월, 6월의 하루 동안 시간대별로 사진을 찍었습니다. 아래 사진은 2012년 4월 15일에 찍은 사진으로 오전 9시 30분경부터 16시 30분경까지 사진을 찍고, 아래와 같은 순서로 학생들과 토의를 진행했습니다.

탐구 대상 자세히 관찰하기

1. 서산마애삼존불상을 하루 중 시간대별로 사진 촬영하기
2. 사진을 보고 다른 점 찾기
3. '같은 불상인데 왜 다르게 보일까?' 과학적인 이유 생각해보기

2012년 4월 15일 9시 30분경

2012년 4월 15일 10시 30분경

2012년 4월 15일 11시 30분경

2012년 4월 15일 12시 30분경

기초 조사 실시하기

서산마애삼존불상의 미소가 가진 비밀을 밝히기 위하여 기초 조사를 하였습니다. 명칭, 위치, 제작시기, 불상의 배치, 문화재로서의 가치 등은 견학과 인터넷을 통해 쉽게 알 수 있었습니다.

여기서 중요한 것은 사전탐구 속에서 과학적인 요소를 발견하면 탐구방향을 설정하는 데 도움이 된다는 점입니다. 우리는 바라보는 방향(동동남 30도)과 기울어진 각도 80도가 백제의 미소와 관련이 깊을 것이라 생각했습니다. 이를 바탕으로 불상이 바라보는 방향과 기울어진 각도가 우연으로 만들어진 것이 아니라는 가정 하에 탐구를 시작했습니다.

1) 서산마애삼존불상 기초 조사

논문	내용 및 특징
신두리	명칭　서산 용현리 마애여래삼존상
위치	충청남도 서산시 운산면 용현리(위도 : 36° 46' 42.16" N, 경도 : 126° 36' 13.01" E)
제작 시기	백제 후기(6c~7c)
불상의 배치	가운데(본존불), (불상을 바라보는 기준으로) 오른쪽(반가사유상), 왼쪽(보살 입상)
문화재 가치	국보 제84호

2) 서산마애삼존불상의 각 불상별 특징

명칭	위치	각 불상의 특징
본존불	중앙	▪ 살이 많이 오른 얼굴, 반원형의 눈썹, 살구 씨 모양의 눈, 얕고 넓은 코, 미소를 띤 입 ▪ 전체 얼굴이 둥글고 풍만하여 백제 불상 특유의 자비로운 인상을 줌
보살 입상	좌측	▪ 머리에 관(冠)을 쓰고 있는 왼쪽의 보살입상은 얼굴에 본존불과 같이 살이 올라 있음
반가사유상	우측	▪ 오른쪽의 반가사유상 역시 만면에 미소를 띤 둥글고 살찐 얼굴

3) 서산마애삼존불상의 구조

동동남 30°를 바라보는 불상

기울어진 각도 80°

왜 미소가 다르게 보이는지 추측한다.

같은 날 다른 시각에서 관찰한 서산마애삼존불상의 미소는 분명히 다르게 보였습니다. 날씨, 계절, 사람마다 미소가 다르게 보였는데요. 아래는 불상의 미소가 다르게 보이는 현상에 대해 학생들이 추리한 내용입니다.

'빛의 방향에 따라 미소가 다르게 보입니다.'

'보는 각도에 따라 미소가 다르게 보일 것입니다.'

'암석의 알갱이 속 빛 반사에 따라 미소가 다르게 보일 것입니다.'

'백제의 미소가 잘 보이도록 기울기와 바라보는 방향을 고려하여 만들었을 것입니다.'

학생들과 위 내용을 가설로 세우고, 이를 해결하는 과정을 탐구과제로 설정해 충남대회에 출전했고, 다시 보완하여 전국대회에 출전하였습니다.

4. 탐구과정

탐구과제1 — 웃는 표정의 기준 탐구

2개월 동안 같은 시각의 서산마애삼존불상을 관찰한 결과 입 꼬리, 코, 입술 주변의 그림자 때문에 표정이 다르게 보인다는 사실을 알게 되었습니다. 그리고 하루 중 11시경의 미소가 가장 아름답게 보였습니다.

여기까지는 누구나 관찰을 통하여 알고 있는 사실을 다시 한 번 확인한 것에 불과했습니다. 대부분의 사람들이 11시경의 미소가 가장 아름답게 보인다고 말하였으나, 이는 주관적인 느낌일 뿐 과학적으로 수치화한 객관적인 데이터가 아니었습니다. 그래서 우리는 '웃는다'의 기준을 찾기 위하여 탐구를 진행하였습니다. 성형외과 의사에게 자문을 구하고, 웃는 표정에 관한 논문 검색을 통해 '미소가 다르다'라고 느끼는 것은 입 꼬리 주변의 그림자와 코 아래 그림자의 길이에 따라 사람마다 다르게 보기 때문에 생기는 현상이라는 사실을 알게 되었습니다.

	탐구과정	문제점
1차 탐구	▪ 성형외과 의사 선생님의 자문에 따르면 입 꼬리 근육의 움직임에 의해 웃는 표정이 나타남	▪ 불상은 근육이 없어 의학적으로 웃는 표정인 근거가 없다고 밝힘
2차 탐구	▪ 불굴대의 위치가 입 꼬리보다 올라가면서 웃는 표정이 생김[4]	▪ 불굴대의 위치를 수치화로 나타낼 수 없음
3차 탐구	▪ 입 꼬리가 올라간 각도 측정 ▪ 입 꼬리-눈 사이 거리 측정 ▪ 입 꼬리 그림자 범위 측정 	▪ 그림자의 경계가 모호하고 측정 때마다 기준점이 바뀌어 정확히 수치화가 불가능함

4 양승준 외, 〈한국인 얼굴표정과 관련된 불굴대의 위치 및 입꼬리당김근과 큰광대근의 형태〉, 2005

<table>
<tr>
<td>3차
탐구</td>
<td>

- 미소의 변화는 부위별로 생기는 그림자가 동시에 일어나는 현상임
- ㉮에 비하여 ㉯의 사진의 코 아래 그림자의 길이가 길며 입 꼬리 그림자가 길어짐
- ㉯에 비하여 ㉰의 사진의 코 아래 그림자의 길이가 길며 입 꼬리 그림자가 위와 아래로 길어짐

<table>
<tr><th></th><th>㉮ 2.21.화 10시경</th><th>㉯ 4.15.일 10시경</th><th>㉰ 6.6.수 10시경</th></tr>
<tr><td>오전</td><td></td><td></td><td></td></tr>
</table>

코 아래 그림자의 길이와 입 꼬리 그림자의 길이가 변하므로 이를 웃는 기준으로 정한다.

</td>
</tr>
</table>

그렇다면 웃는 표정의 기준을 적용하여 측정은 어떻게 할지 고민했습니다. 5학년 학생들이라 길이를 쉽게 측정할 수 있도록 알씨를 활용하여, 특정 포인트에 마우스를 올리면 좌표가 계산되어 길이를 구할 수 있었습니다. 하지만 다른 날, 다른 위치에서 찍은 사진 속 그림자 길이를 비교하기가 어려웠습니다. 그래서 코 아래 그림자 비율과 입 꼬리 그림자 비율을 아래와 같이 계산했습니다.

이 공식을 이용하여 사람들이 가장 미소가 아름답다고 생각하는 사진을 가지고 **'코 아래 그림자 비율'**과 **'입 꼬리 그림자 비율'**을 구했습니다. **코 아래 그림자 비율이** 약 35%, **입 꼬리 그림자 비율이** 약 46%일 때를 '백제의 미소'의 기준 값으로 정했습니다.

탐구과제2 — 백제의 미소를 볼 수 있는 조건 탐구

이번에는 백제의 미소를 볼 수 있는 조건을 구체적으로 찾기 위한 실험을 계획했습니다. 서산마애삼존불상은 국보여서 가까이 접근하여 실험하기 어려웠습니다. 따라서 서산마애삼존불상 모형을 제작하기로 하고, 서산시청의 3D스캔 자료를 제공 받아 전문가의 도움으로 **모형을 제작**했습니다.

HOW TO • 서산마애삼존불상 본존불 얼굴 모형은 어떻게 제작할까?

서산마애삼존불상의 미소는 일 년 내내 관찰하기가 사실상 불가능하고, 날씨에 민감한 영향을 받으며 또 불상이 국보인 탓에 접근이 어렵다. 따라서 서산마애삼존불상 모형이 필요하다.

가. 사전 작업

서산시청 문화재관리과 이○○ 학예연구사님의 도움을 받아 3D스캔 자료를 협조 받는다.

나. 제작 과정

1) 서산마애삼존불상 본존불의 얼굴 모형 제작
   가) 준비물 : 폴리머클레이, 찰흙칼, 오븐, 3D스캔 자료, 얼굴 비율 측정 자료
2) 제작 방법
   가) 시청에서 협조 받은 3D스캔 자료로 얼굴 전체의 크기를 확인한다.
   나) 우리가 찍은 사진으로 얼굴 부위별 비율을 측정한다.
   다) 측정값을 토대로 서산마애삼존불상 본존불의 얼굴 모형을 제작한다.

다. 제작 결과

3D 스캔 자료	얼굴 비율 측정자료	폴리머클레이 모형

제작한 모형을 활용하여 태양고도와 방위각을 달리하여 실험을 진행한 결과 태양고도 30도, 방위각 150도일 때 가장 아름다운 미소가 보였습니다. 천문우주지식 포털에 접속하여 태양고도 30도, 방위각 150도일 때의 절기를 찾았더니 동짓날 11시경과 일치한다는 사실을 알아냈습니다.

탐구과제3 — 불상의 위치와 미소와의 관계 탐구

불상이 기울어진 각도(80도)와 동동남 30도 방향을 바라보게 한 것은 동짓날 미소가 아름답게 보이게 하기 위해 조상들이 계획한 사실임을 밝히기 위하여 실험을 진행했습니다. 그 결과 기울어진 각도가 점점 작아질수록 눈, 코, 입 아래로 그림자 비율이 커졌으며, 이는 표정 변화에 영향을 끼쳤습니다.

불상을 동동남 30도 방향으로 향하게 하여 일 년의 시작인 동짓날 해 뜨는 방향을 향하도록 불상을 배치했으며, 불상을 지나는 백성들이 기도를 드릴 시간인 11시경 아름다운 미소를 볼 수 있도록 불상을 제작하였다는 것을 알아냈습니다.

5. 보고서 및 차트 작성

보고서 작성

보고서의 틀은 대체로 탐구동기, 사전탐구, 탐구과제, 결론, 전망 및 제언 순으로 들어갑니다. 틀이 정해지면 작품 출품 분야를 한 번 더 확인하는 것이 좋습니다. 지구과학분야에 제출한 우리 작품은 태양고도와 방위각에 따른 그림자 비율 측정이 핵심이므로 많은 쪽수를 할애하여 작성했습니다. 즉, 작품에서 강조할 부분이 있다면 그 부분에 많은 내용을 작성하는 것이 좋습니다.

읽는 사람의 이해를 돕기 위하여 많은 양의 글보다는 사진, 그림, 표, 그래프와 같은 시각 자료를 사용하는 것이 가독성을 높이는 데 효과적입니다.

차트 작성

차트는 작품의 또 다른 얼굴이라 할 수 있습니다. '보기 좋은 떡이 먹기도 좋다'라는 말도 있듯 차트는 글을 최소화하고 사진, 그래프 위주로 구성하여 눈에 잘 띄도록 작성하는 것이 중요합니다. 그래야 보는 사람들에게 잘 전달될 수 있기 때문입니다. 이를 위해 주변 배경색과 잘 조화시켜 색깔을 넣는 것도 좋은 방법입니다.

차트는 핵심 내용이 잘 들어가도록 작성하는 것이 중요합니다. 이를 위하여 작품설명서의 내용 중에서도 가장 중요한 내용을 흐름에 맞게 배치하여 작성해야 합니다. 또 핵심적인 요소에는 음영처리를 하여 눈에 쉽게 들어오도록 하는 것이 좋습니다.

1506 백제의 미소는 어떤 비밀을 가지고 있을까?

탐구요약설명

백제의 미소라 불리는 서산마애삼존불상의 웃는 표정을 수치화 시켜 가장 잘 볼 수 있는 조건을 찾고 태양고도와 방위각에 의한 그림자를 고려하여 불상을 제작한 우리 조상의 과학적 우수성을 밝힘.

•출 품 자 : 백제의 미소
김현진(충남 명지초등학교)
윤성욱(충남 명지초등학교)
•지도교사 : 김주휘(충남 명지초등학교)

연구내용

❶ 탐구 동기 및 목적

백제의 미소라 불리는 서산마애삼존불상은 빛의 방향에 따라 다르게 보인다고 알려져 있다. 정말 다르게 보이는지 과학적으로 검증하고 백제의 미소에 숨겨진 비밀을 찾고 싶어 본 탐구를 하게 되었다.

❷ 사전 탐구

[사전 탐구] 서산마애삼존불상의 기초 탐구

명칭	서산 용현리 마애여래삼존상, 국보 제84호		
위치	위도 : 36° 46' 42.16" N	경도 : 126° 36' 13.01" E	
제작 시기	백제 후기(6~7세기)		
기울어진 각도	80°	바라보는 방향	동동남

탐구 결과	• 서산마애삼존불상은 동짓날 해 뜨는 방향인 동동남을 바라보고 있으며 불상은 80°로 기울어져 있다.

❸ 탐구 내용 및 결과

[탐구1] 웃는 표정의 기준 탐구

가. 하루 동안 본존불 얼굴 표정은 다르게 보일까?

2012년 4월 15일(일요일)

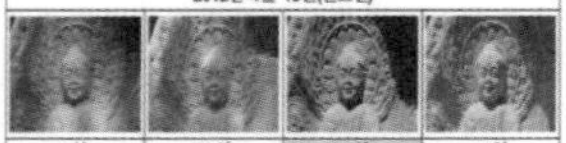

9시	10시	11시	12시

알아낸 점	• 4월 15일(일) 11시에 본존불 얼굴 표정이 가장 잘 보인다. • 시간이 지나면서 코 아래, 입 꼬리 그림자의 길이가 변한다.

나. 과연 하루 동안만 다르게 보일까?

2.21(화) 11시	4.15(일) 11시	6.6(수) 11시

알아낸 점	• 다른 날 11시에 본존불 얼굴 표정이 가장 잘 보인다. • 다른 날 11시의 코 아래와 입 꼬리 그림자의 길이가 변한다.

다. 웃는 표정의 기준은 무엇일까?

㉮	㉯	㉰

결과	• ㉮에 비하여 ㉯가 코 아래 그림자의 길이가 길며 입 꼬리 그림자가 길어짐 • ㉯에 비하여 ㉰가 코 아래 그림자의 길이가 길며 입 꼬리 그림자가 길어짐
알아낸 점	• 코 아래와 입 꼬리 그림자의 길이를 웃는 기준으로 정한다.

라. 웃는 표정의 기준을 어떻게 측정할까?

코 아래 그림자 비율 측정	입 꼬리 그림자 비율 측정	보원사에서 찍은 동짓날 사진

알아낸 점

• $\text{코 아래 그림자 비율} = \dfrac{(\text{코아래그림자})\text{길이}}{(\text{윗입술}-\text{코끝})\text{길이}} \times 100$

• $\text{입 꼬리 그림자 비율} = \dfrac{(\text{입꼬리그림자좌우})\text{길이}}{(\text{얼굴좌우})\text{길이}} \times 100$

탐구 결과	① 하루 중 11시경 본존불 얼굴이 가장 잘 보인다. ② 코 아래와 입 꼬리 그림자의 길이가 달라 다르게 보인다. ③ 코 아래와 입 꼬리 그림자의 길이를 웃는 기준으로 정한다. ④ 코 아래 그림자 비율이 35%, 입 꼬리 그림자 비율이 46%일 때 웃는 표정의 기준 값으로 정한다.

[탐구2] 백제의 미소를 볼 수 있는 조건 탐구

가. 태양고도에 따라 미소가 다를까?

태양 고도	30°	50°	70°

알아낸 점	• 태양고도가 30°일 때 코 아래 그림자 비율이 26%이다. • 코 아래 그림자 비율 26%는 웃는 표정의 기준 값과 거의 일치한다.

나. 방위각에 따라 미소가 다를까?

방위각	120°	150°	180°

알아낸 점	• 방위각이 150°일 때 입 꼬리 그림자 비율이 55%이다. • 입 꼬리 그림자 비율 55%는 웃는 표정의 기준 값과 거의 일치한다.

다. 백제의 미소는 언제 볼 수 있을까?

1) 2011년 절기별 태양고도와 방위각

시각	춘.추분		하지		동지	
	태양고도	방위각	태양고도	방위각	태양고도	방위각
11	46	141	65	116	25	156

2) 2011년 방위각에 따른 태양고도 그래프

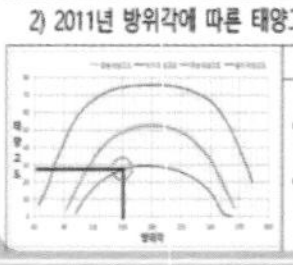

알아낸 점

• 태양고도 30°, 방위각 150°는 동짓날 11시경이다.
• 동짓날 11시경을 기준으로 11월~2월 11시경에 볼 수 있는 태양의 위치다.

탐구 결과	① 태양고도가 30°일 때 웃는 표정의 기준 값과 거의 일치한다. ② 태양의 방위각이 150°일 때 웃는 표정의 기준 값과 거의 일치한다. ③ 태양의 고도가 30°, 방위각이 150°일 때 백제의 미소를 볼 수 있다. ④ 백제의 미소는 동짓날 11시에 관찰할 수 있다.

[탐구3] 불상의 위치와 미소와의 관계 탐구

가. 불상이 기울어진 각도는 미소를 잘 보이게 할까?

90°	80°	70°	60°

알아낸 점	• 코 아래 그림자 비율은 기울기가 90°~60°로 변하면서 증가한다. • 기울기가 80°일 때 코 아래 그림자 비율은 26%로 웃는 표정의 기준 값과 거의 일치한다.

나. 왜 동동남을 바라보게 만들었을까?

방향	동	동동남	동남동	남
8시				
11시				
12시				

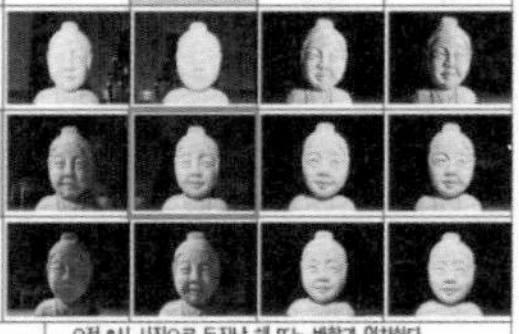

알아낸 점	• 오전 8시 사진으로 동짓날 해 뜨는 방향과 일치한다. • 오전 시간대에 백제의 미소를 볼 수 있도록 설계했다.

탐구 결과	① 불상이 기울어진 각도가 80°일 때 코 아래와 입 꼬리 그림자가 웃는 표정의 기준값과 일치한다. ② 오전 시간에 백제의 미소를 볼 수 있도록 동동남을 바라보도록 설계 했다.

❺ 탐구 결론

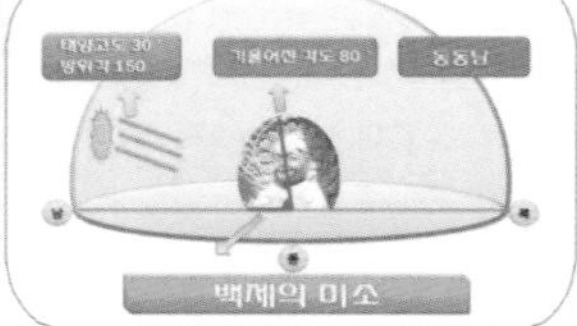

❻ 전망 및 제언

첫째, 서산마애삼존불상의 시각에 따라 달라지는 모습을 시계로 만들어 관광 상품으로 활용하여 우리 문화재의 가치를 높일 수 있다.

둘째, 부여 박물관에 있는 서산마애삼존불상 모형은 태양 고도와 방위각을 고려하지 않은 전시로 문제가 있어 보인다. 본 탐구로 올바른 과학적 원리를 적용하여 백제의 미소를 전시할 필요가 있다.

6. 발표하기

작품 전시하기

전국과학전람회에 출품된 작품들은 전시의 과정을 거쳐야 합니다. 따라서 공간이 좁긴 하지만 전시대에 직접 보여줄 수 있도록 모형을 만들어 전시해야 합니다.

이를 위해 각종 매체와 도구를 활용하는 기술을 익히는 것이 필요합니다. 다음의 예는 서산마애삼존불상 탐구와 관련된 전시물입니다. 불상의 기울기와 불상이 향하는 방향을 실제와 같이 배치하고, 구를 씌우고 아래 십자 레일에 손전등을 비춰가며, 내부에 설치된 카메라를 통하여 미소의 변화를 심사위원에게 직접 보여주었습니다.

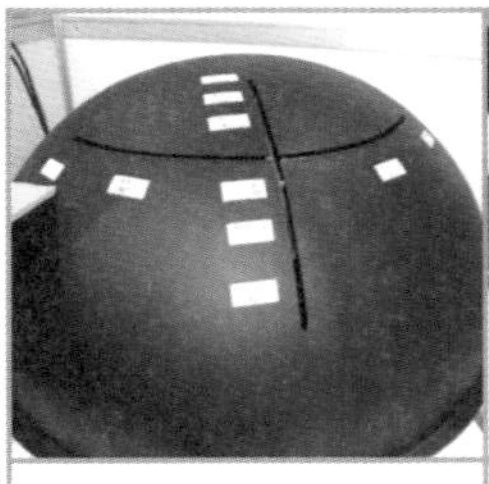

빛 방향 변화 모형

모형 내부

모형 내부 기울기 조정

작품 발표하기 — 발표 요령

전국과학전람회에 전시한 작품에 대하여 심사위원 앞에서 발표하는 과정을 거쳐야 합니다. 발표를 잘하는 것도 중요하기에 미리 준비해야 합니다.

성공적인 발표를 위해 발표 시나리오를 작성하되 흐름이 보이도록 작성하는 것이 좋습니다. 학생이 직접 시나리오를 만드는 것이 이상적이지만 교사가 학생과 함께 발표 시나리오를 만드는 것이 더 효과적입니다. 이때 학생이 발표장에서 해야 할 모든 것이 들어가도록 시나리오를 작성하는 일이 필요합니다.

실제 발표를 진행할 때는 전시대 위의 전시물을 활용해 발표하는 방식으로 시나리오를 짜는 것이 좋습니다. 또 한 명이 발표할 때 다른 한 명은 전시물을 조작하여 보여주면 심사위원의 이해도와 집중도를 높일 수 있습니다.

여러 가지 매체를 활용하면 심사위원의 시선을 끌 수 있는 장점이 있습니다. 예를 들어 TV에는 빛의 방향 변화에 따른 미소의 변화 모습을, 노트북에는 사진, 그래프 자료, 차트의 핵심요소를 제시하는 방법으로 심사위원의 집중을 유도할 수 있습니다.

발표할 때 심사위원이 예상치 않게 질문을 할 수도 있습니다. 심사위원은 작품설명서를 사전에 읽어 오는데, 이때 부족한 부분이나 이해되지 않는 부분을 물어볼 수 있는 것입니다. 이 외에도 자료 검색을 통하여 유사한 작품이 있을 경우 우리 작품만의 독창적인 면을 이야기해보라고 요구할 수도 있습니다. 따라서 발표할 때 갑작스런 질문에 당황하지 않도록 미리 예상 질문을 뽑아서 발표장 가기 전에 미리 준비하는 것이 좋습니다.

7. 심사 전날 마지막 점검

꺼진 불도 다시 보기

전시대에 전시물 설치를 완료했어도 끝까지 남아서 다시 한 번 확인하는 것이 필요합니다. 그리고 발표장 문을 닫을 때까지 발표 연습을 하는 것이 좋습니다. 막상 발표 당일에는 연습할 시간이 많지 않기 때문입니다.

발표 때 직접 시연할 것이 있다면 미리 점검한다

심사 당일 갑자기 시연할 것들이 작동되지 않아 당황할 때가 많습니다. 따라서 발표 전에 시연할 것들이 잘 작동되는지 미리 점검해 두어야 합니다.

8. 이것만은 꼭!

모든 과정은 학생이 중심이 되도록 하는 것이 좋다

선생님은 옆에서 학생이 할 수 없는 것을 도와주는 역할을 하게 됩니다. 학생이 중심이 되어 탐구하고, 학생의 연구물로 만드는 것이 가장 좋습니다. 그럼 창의력도 신장되고, 탐구 능력도 향상되겠죠?

탐구일지를 학생 스스로 작성한다

탐구일지는 학생이 탐구했음을 증명하는 자료이자 학생 연구의 결과물입니다. 호기심부터 탐구결과까지 모든 생각이 다 들어갈 수 있도록 해야 하고, 선생님은 빨간색 펜으로 첨삭 지도하면 학생에게 피드백이 되기 때문에 바쁘더라도 꼭 하는 것이 좋습니다.

주변 사람들에게 자문을 구한다

학생은 지도교사가 의도한대로만 움직이고 생각하기 때문에 자칫 잘못된 방향으로 빠지기 쉽습니다. 이때는 다수의 과학대회에 출전한 경험이 있은 선생님에게 조언을 구하는 것이 좋습니다. 필요할 경우 가족, 주변 사람들에게 우리의 고민거리를 이야기하다 보면 생각지 못한 아이디어를 얻을 수 있고 향후 진행할 탐구 방향에도 도움이 됩니다.

과학대회 핵심요약!

전국과학전람회 탐구과정에서 실제 준비까지

1. 탐구 동기: 탐구의 동기부여가 중요
2. 탐구 과제 선정: 세부적인 탐구 과제를 선정해봄
3. 사전 탐구: 기초 조사 실시 및 조사 결과에 대한 추측
4. 탐구과정: 세부적 탐구 과제에 대한 탐구를 수행
5. 보고서 및 차트 작성: 탐구동기, 사전탐구, 탐구과제, 결론, 전망 및 제언 등이 들어감. 차트는 글을 최소화하고 사진, 그래프 위주로 구성하여 눈에 잘 띄도록 작성하는 것이 중요
6. 작품 전시 및 발표 준비: 전시대에 직접 보여줄 수 있도록 모형을 만들어 전시. 발표 시나리오를 작성하되 흐름이 보이도록 작성하는 것이 중요
7. 심사 전날 마지막 점검: 발표 때 직접 시연할 것이 있다면 미리 점검

3부

전국학생과학 발명품 경진대회에 도전해봐!

06

전국학생과학발명품경진대회 준비 전 미리 알아두어야 할 것들은?

전국학생과학발명품경진대회를 준비하기 전에 먼저 대회의 성격을 파악하는 것이 가장 중요합니다. 그냥 멋진 발명품을 내면 되겠지, 하는 생각으로 출품했다가 대회의 성격과 맞지 않을 경우 좋은 결과를 얻기 어렵습니다. 따라서 대회에서 요구하는 것이 무엇인지 먼저 파악한 후 작품을 준비하는 일이 매우 중요합니다. 그리고 기존에 입상한 출품작들의 경향을 분석한 후 작품을 준비하면 더욱 도움이 될 것입니다.

1. 전국학생과학발명품경진대회의 성격파악!

가장 중요한 것은 참신한 아이디어!

최근 전국학생과학발명품경진대회의 경향을 볼 때 학생 수준에 맞는 참신한 아이디어가 가장 중요한 요소라고 생각됩니다. 제31회 대회를 예로 들면, 국무총리상을 수상한 "간편 수도꼭지 연결 커플러"는 아이디어가 참신하였고, 금상을 수상한 "쏙빠짐 음료상자에 대한 연구"는 초등학교 3학년 학생 수준에 맞는 작품이었습니다. 또 제31회 대회는 최종 보고서를 빠르게 제출받아 국내·외 특허 검색이 선행되었으며, 이 자료가 최종 심사에 결정적인 영향을 미쳤다고 보입니다. 이들 작품은 기존에 출품된 적이 없으며, 국내·외 특허와 유사성이 없었습니다.

선행연구는 철저하게

발명에서 중요한 것은 생각한 아이디어를 발명품으로 제작하기에 앞서 선행연구 분석을 철저하게 해야 한다는 점입니다. 국립중앙과학관 누리집(홈페이지)에 등록되어 있는 역대 전국학생과학발명품경진대회에 출품되지 않은 작품이면 계속 진행하여도 무방하지만, 혹시 비슷한 작품이 있으면 더욱 개선된 방향으로 발전시키거나 새로운 방향을 모색할 필요가 있습니다. 두 번째로는 특허청 홈페이지의 특허정보검색서비스(http://www.kipris.or.kr)를 이용하여 등록되어 있는 특허를 검색하고 비슷한 작품이 있는지 찾아볼 수 있습니다. 세 번째로는 발명교육포털사이트 홈페이지의 학생발명전시회 자료실(https://www.ip-edu.net/kosie/award)에서 대한민국 학생발명전시회 역대수상작을 검색해 볼 수 있습니다. 기타 일반 포털사이트의 블로그나 카페, 기사 등을 검색하거나 필요한 경우 국제 특허 검색을 할 수도 있습니다.

과학적 원리가 표현되어야 한다

대회명을 보면 알 수 있겠지만, 이 대회는 단순한 발명에 그치는 것이 아니라 작품에 어떠한 과학적인 원리가 적용되었는가를 중요하게 봅니다. 따라서 보고서 및 발표과정에서 과학적 원리가 정확하게 표현될 수 있어야 합니다. 일반적인 발명기법에 따라 단순하게 더하기 기법이나 빼기 기법으로 된 작품은 아이디어에서 참신하지 못하다는 평가를 받을 수 있으므로 과학적 원리를 더욱 부각시킬 필요가 있습니다.

탐구과정이 필요하다

지도교사의 지도를 받아 학생이 얼마나 많은 고민과 탐구를 통하여 작품을 제작했는지가 이 대회의 심사에 관건이 됩니다. 이 때문에 이젠 전국학생과학발명품경진대회도 전국과학전람회에 버금가는 탐구 정신이 요구되고 있습니다. 이러한 탐구 정신이 있어야 더욱 발전적인 작품이 나오기 때문입니다. 발명에 탐구가 요구되는 또 다른 이유는 학생이 탐구과정을 통하여 더욱 과학적으로 성숙해지기 때문이기도 합니다. 따라서 학생의 탐구과정을 사진과 탐구일지로 남겨 둘 필요가 있습니다.

작품의 완성도를 높여라

발명에서 완성품은 없는 것 같습니다. 이것보다 더 이상 좋을 수 없다거나 더 편리할 수 없을 것만 같았던 것도 고민과 고민을 거듭하다보면 더 나은 발명품이 나올 수 있기 때문입니다. 따라서 발명품의 완성도가 점점 나아지는 과정 또한 중요한 요소입니다. 이때 단순하게 작품의 진행 차수를 높이는 것이 아니라 새로운 아이디어의 도입 등이 한눈에 드러나도록 탐구과정을 펼쳐 보일 수 있어야 합니다.

대회를 통하여 학생이 성장해야 한다

단지 대회의 좋은 성적을 위해서가 아니라 대회를 준비하는 과정에서 학생이 얼마나 성장하느냐도 중요한 평가 요소입니다. 따라서 작품을 준비하는 데 있어 대회가 목적이 아니라 수단이 되어야 할 것입니다.

지도교사와 참가 학생의 자세

좋은 발명을 위해서는 관찰력과 끈기가 필요합니다. 발명은 멀리 있는 것이 아니라 우리 주변에 있기 때문에 주변을 늘 관찰하면서 불편함을 느낄 수 있어야 하며, 관찰을 통해 문제를 해결하기 위한 아이디어를 발견할 줄 알아야 합니다. 또 아르키메데스의 유레카나 케쿨레의 벤젠고리 발견[5]과 같이 하나의 문제에 대하여 끊임없이 고민할 수 있는 끈기도 필요합니다. 지도교사와 참가 학생은 한 팀입니다. 아이디어와 정보를 공유하며 함께 고민해야 합니다. 각

5 '아르키메데스의 유레카': 왕의 명령으로 왕관의 형태를 유지하면서 순금인지를 알아내기 위해 고민하던 중 목욕물에 들어갔을 때 물이 넘치는 것을 보고 "유레카"를 외쳤다는 이야기로 순금과 은이 함유된 합금의 밀도가 다르기에 물이 넘치는 부피를 이용하면 순금 여부를 확인할 수 있었다.

'케쿨레의 벤젠고리': 독일의 화학자 케쿨레는 벤젠의 구조를 알지 못해 고민하던 중 꿈속에서 뱀이 꼬리를 물고 동그랗게 몸을 말고 있는 장면을 보았고, 여기서 벤젠의 고리 구조를 생각하게 되었다.

자의 역할이 있지만 늘 편안하게 대화할 수 있는 팀워크가 필요합니다.

2. 발명 아이디어 습관 키우기

발명 아이디어를 위한 생활 습관

발명 아이디어는 발명을 해야겠다는 생각만으로 쉽게 생기지 않습니다. 그동안의 경험으로 볼 때 발명 아이디어를 내기 위해서는 다음 세 가지 습관을 기르는 것이 중요하다고 생각됩니다.

첫째, 아무도 생각하지 않은 것을 생각하는 습관을 키워야 합니다. 전국학생과학발명품경진대회에 출품한 좋은 작품들의 공통점은 '누구나 생각할 수 있지만, 아무도 생각하지 않은 것'입니다. 아무도 생각하지 않았다는 것은 새롭다는 것입니다. 발명에서 중요하게 고려해야 할 조건에는 신규성이 있습니다. 새롭지 않으면 관심과 흥미가 떨어지기 때문에 작품의 가치가 많이 줄어듭니다.

둘째, 비판적 사고력을 길러야 합니다. 일상생활에 순응하기만 한다면 불편함을 느끼기가 어렵습니다. 설사 불편함이 있더라도 비판하지 않고 그냥 적응해 버린다면 개선의 필요성을 느끼지 못하기 때문입니다. 이러한 생활 습관에서는 발명이 쉽지 않습니다. 의도적으로 반대로 생각하며, 반대 혹은 다른 관점에서 바라보고자 노력한다면 발명의 아이디어가 떠오를 수 있을 것입니다.

셋째, 관찰하고 기록하는 습관을 길러야 합니다. 각 분야에서 훌륭한 사람들의 생활 습관 중 메모 습관이 자주 언급되곤 합니다. 발명에서도 주변을 관찰하고 메모하는 습관이 중요합니다. 우리는 생활 속에서 많은 물건들을 사용하고 있습니다. 이러한 물건들은 과거에 누군가가 발명하였고, 그 과정에서 과학적 원리가 적용되어 있는 경우가 많습니다. 마찰력(끼임 마찰력), 자기력, 원심력, 중력과 같은 힘의 원리나 지레, 도르래, 빗면, 축바퀴와 같은 일의 원리, 빛의 반사, 굴절, 회절, 분산, 합성과 같은 빛의 성질, 화학 반응, 생체모방 등 어떤 과학적 원리가 적용되어 있는지 찾아보고 기록하는 습관을 가진다면 발명에 한 걸음 더 다가갈 수 있을 것입니다.

발명교육이 곧 창의력 교육이다

발명교육은 학생들의 창의성을 기르는 가장 좋은 교육 방법입니다. 학교에서의 발명교육은 주로 더하기 기법, 빼기 기법 등과 같은 발명 10계명이나 트리즈(TRIZ) 기법을 활용합니다. 초등학교의 경우 담임교사의 관심과 의지에 따라 교과 시간을 활용하여 발명교육을 적용하거나, 창의성 교육을 위한 학급 교육과정으로 발명 자료를 다양한 방법으로 학생들에게 제공하는 경우도 있습니다. 하지만 중·고등학교에서는 교과 시간이나 담임교사의 의지만으로는 발명교육이 거의 불가능합니다. 주로 방과후활동이나 동아리를 구성하여 발명교육이 이루어지게 되지요. 발명에 관심 많은 교사나 발명지도 경험이 풍부한 교사 등 일부만이 발명교육을 하고 있는 것이 현실이지만 이런 소중한 시간이 확대되기를 바라고 있습니다.

발명교육의 꽃은 대회 참가나 특허 출원에서 나타납니다. 발명교육을 통하여 학생들이 나도 할 수 있다는 자신감을 갖게 된다면 절반의 성공을 한 것이고, 이를 바탕으로 실제 발명품을 제작하여 대회에 참가하거나 특허 출원의 경험을 갖게 된다면 교육의 마무리를 지은 것이라 할 수 있습니다.

▪ 학부모TIP – 발명의 창의력 교육 효과 ▪

1. 발명교육은 학생들의 창의성을 기르는 가장 좋은 교육 방법
2. 발명교육은 주로 더하기 기법, 빼기 기법 등과 같은 발명 10계명이나 트리즈(TRIZ) 기법을 활용
3. 창의성 교육을 위한 학급 교육과정으로 발명 자료를 다양한 방법으로 학생들에게 제공

3. 발명 작품 제작 전 사전준비

기존 발명품의 문제점 파악

기존 제품의 문제점에서 착안하여 새로운 발명품을 만들 수 있습니다. 이때는 발명품을 제작함에 앞서 기존 제품이나 발명품의 문제점은 무엇이고 어떤 부분을 강조해서 발전시킨 발명품인지 제작 의도를 분명하게 세우는 것이 중요합니다.

학생 중심, 학생 수준의 발명이 이상적이다

전국학생과학발명품경진대회의 발명품은 이름에서 알 수 있듯

학생 중심의 발명을 위한 대회이므로 이 대회를 위한 발명 아이디어는 학생으로부터 나오는 것이 가장 이상적입니다. 따라서 발명교육을 통해 학생 스스로 아이디어를 고안하여 발명품을 제작하는 것이 가장 좋습니다. 하지만 경우에 따라 학생이 아이디어를 찾을 수 있도록 유도한다거나 범위를 좁혀주는 과정을 지도교사가 의도할 수 있습니다. 왜냐하면 발명품을 제작하기 위해 필요한 과학적 원리나 제작 방법, 재료, 제작 도구 등에 대한 정보는 학생보다 지도교사가 더 많이 가지고 있을 가능성이 높기 때문입니다. 이때 학생이 아이디어를 찾아내고 과학적 원리를 적용하여 발명품이 의도한대로 작동될 때의 희열을 느낄 수 있게 해주기 위해서는 지도교사의 기다림이 필요합니다. 만일 기다림의 시간을 줄이기 위해 교사의 생각과 정보를 작품에 반영한다면 자칫 아이디어와 작품의 수준이 학생의 수준(학년 수준) 밖으로 벗어날 수 있습니다. 제41회 전국학생과학발명품경진대회부터는 기존 5개의 출품 분야를 통합하고, 초등학교, 중학교, 고등학교 분야로 대회가 진행되고 있기 때문에 학생 수준의 발명품을 꼭 고려하여야 합니다.

유사한 발명품이 있는지 검색해야 한다

발명품이 갖춰야 할 조건 중 가장 중요한 것이 신규성이라고 앞에서 이야기하였습니다. 자신의 아이디어가 지금까지 누구도 생각하지 않았던 새로운 것인지, 이 작품이 발명품으로서의 가치가 있는지를 알기 위해서는 선행 발명품이 없는지 검색하는 것이 필수입니다. 특히 전국학생과학발명품경진대회를 주관하는 국립중앙과학관에서는 매년 전국대회 심사를 위해 작품설명서를 약 1개월 전에 제출받고, 이를 전문 변리사를 통해 특허 검색 과정을 거칩니다. 그 결과는 심사위원에게 전달되어 면담 심사과정에서 이를 확인하고 유사성 정도를 파악하여 심사에 반영합니다. 이러한 과정은 각 시도별 대회에서도 유사하게 적용되고 있습니다.

선행연구에는 유사점 검색, 발명품에 적용할 원리 탐구, 원리 적용 방법 탐구, 제작 방법 탐구 등 여러 가지가 있지만, 일반적으로 선행연구라 하면 유사점 검색을 말합니다.

작품의 유사점을 검색하는 방법은 중요도에 따라 다음과 같은 단계를 밟아서 할 수 있습니다.

첫째, 기존 전국학생과학발명품경진대회 작품을 검색합니다. 국립중앙과학관 누리집(홈페이지)의 〈특별전·행사/전국학생과학발명품경진대회/경진대회 통합검색〉 화면은 아래 그림과 같습니다. 제목(내용, 연도별, 회차, 수상자), 분야(기존의 5개 분야), 수상(대회결과) 탭별 검색이 가능하며, 검색어에 자신의 아이디어나 핵심내용, 작품의 제목에 포함될 단어를 입력하여 검색하면 됩니다. 간략히 소개된 작품설명을 통해 유사성을 확인할 수 있으며, 좀 더 상세히 알아보려면 작품설명서를 내려 받아 검토할 수 있습니다.

국립중앙과학관 누리집(홈페이지) 전국학생과학발명품경진대회 통합검색 화면

둘째, 특허청의 특허자료를 검색하는 방법이 있습니다. 특허청에서 운영하는 특허정보검색서비스(KIPRIS) 누리집(홈페이지)에서 동일한 방법으로 검색어를 입력하여 검색합니다. 검색된 자료의 상세정보 요약과 도면, 공개전문을 볼 수 있습니다. 아울러 국내특허 검색사이트와 해외특허 검색사이트도 링크되어 있어 유용합니다. 단, 너무 많은 자료가 검색될 수 있기 때문에 필요한 자료를 선별하는 과정이 쉽지는 않습니다.

셋째, 대한민국학생발명전시회 작품을 검색하는 방법이 있습니다. 특허청이 주최하고 한국발명진흥회가 주관하는 발명대회로 발명교육포털사이트 누리집(홈페이지)의 〈대회/전시/행사/학생발명전시회/자료실〉의 역대 수상작을 검색합니다. 작품의 대략적인 내용만 수록되어 있어 내용 파악에 한계가 있으나 공개된 자료이기 때문에 유사도 검색에 도움을 받을 수 있습니다. 발표 영상이 유튜브로 연결된 경우도 있는데 이는 참고하기가 좋습니다.

넷째, 일반 포털사이트의 블로그, 카페, 기사 자료를 검색하여 유사 발명품을 찾을 수 있습니다. 이 과정에서 간혹 앞의 세 가지 검색방법에서 실수로 검색되지 않아 놓치게 된 자료를 얻는 경우도 있습니다. 특히 특허정보검색서비스에서 많은 양의 자료가 검색되어 관련성 여부를 판단하기 어려울 경우 네이버의 학술정보 탭을 통한 검색이 더 효과적일 수 있습니다. 기타 인터넷 뉴스나 블로그, 카페 등의 자료는 아이디어를 얻는 데 효과를 볼 수 있습니다. 반대로 발명의 가치가 떨어지는 자료들도 많기 때문에 참고만 하는 것이 좋습니다.

새로운 것이라 판단되었을 때 고려해야 할 것들

사전 조사와 유사도 검색을 통하여 내가 발명하고자 하는 작품이 새로운 것이라 판단되었다면, 이제 이 결과를 작품에 반영하여야 합니다.

첫째, 발명 작품에 스토리텔링을 하는 것이 필요합니다. 스토리텔링이란 스토리를 입히는 것을 말합니다. 갑자기 웬 스토리텔링?, 이렇게 질문할 수 있겠지만, 사실 발명품 자체에 스토리텔링이 꼭 필요한 것은 아닙니다. 하지만 발명품 대회를 위해서는 스토리텔링이 필요합니다. 발명품의 제작의도와 수준이 스토리텔링에서 나타나기 때문입니다. 발명품에 스토리텔링을 입히면 자연스레 제작 동기가 드러납니다. 발명 아이디어가 어느 순간 떠오를 수도 있지만, 오랜 기간을 지나면서 머릿속에서 단편적으로 흩어져 있던 생각이 연결되는 경우도 있을 것입니다. 이러한 흩어진 생각들을 잘 연결하여 재미있는 이야기의 첫 페이지를 만드는 과정이 제작 동기입니다. 아울러 발명품 제작과정과 적용, 탐구과정 등을 포함하여 전체 스토리텔링을 구성하는 것은 추후 면담 심사 과정에 큰 도움이 될 수 있습니다.

둘째, 차별화를 시켜야 합니다. 만약 유사도 검색을 통해 완전히 새로운 아이디어의 발명품임을 확인하였다면 이미 차별화는 되어 있는 것입니다. 하지만 대부분의 경우 전혀 새롭지는 않을 것입니다. 사용 목적이나 용도, 재료, 적용된 원리 등 일부분에서 유사성이 있다면 이를 차별화할 수 있는 방안을 고민해야 합니다. 예를 들어 기존 발명품과 용도는 같으나 전혀 다른 형태와 원리가 적용되었다거나, 동력을 필요 없게 한다거나, 유지비용 및 제작비용이 현저하게 절약된다는 내용 등이 이에 해당될 수 있습니다.

셋째, 탐구 계획을 수립해야 합니다. 스토리텔링, 발명품의 차별화를 위해서는 탐구가 꼭 필요합니다. 동일한 용도의 발명품을 만들더라도 재료를 다르게 적용할 수 있고, 크기나 모양, 과학적 원리를 다르게 적용해볼 수도 있습니다. 이때 막연히 다르게 하는 것이 아니라 과학적 근거를 가지기 위해 탐구가 꼭 필요한 것입니다. 예를 들어 발명품이 정확한 동작을 하도록 힘을 전달할 때 가장 적절한 힘의 크기를 찾기 위해 빗면의 각도를 다르게 한다거나, 빗면이 아니라 축바퀴, 지레, 도르래를 사용하는 것이 더욱 효과적임을 탐구하여 결과를 표나 그래프로 나타내는 것이 이에 해당합니다.

과학대회 핵심요약!

발명 작품 제작 전 사전준비

1. 기존 발명품의 문제점 파악: 기존 제품의 문제점에서 착안하여 새로운 발명품을 만들 수 있음
2. 학생 중심, 학생 수준의 발명이 이상적: 전국학생과학발명품경진대회의 발명품은 이름에서 알 수 있듯 학생 중심의 발명을 위한 대회이므로 이 대회를 위한 발명 아이디어는 학생으로부터 나오는 것이 가장 이상적
3. 유사한 발명품이 있는지 검색: 자신의 아이디어가 지금까지 누구도 생각하지 않았던 새로운 것인지, 이 작품이 발명품으로서의 가치가 있는지를 알기 위해서는 선행 발명품이 없는지 검색하는 것이 필수
4. 새로운 것이라 판단되었을 때 고려해야 할 것들: 발명 작품에 스토리텔링을 하는 것이 필요, 차별화를 시켜야 함, 탐구 계획 수립

07

발명대회 탐구과정은 어떻게 해야 할까?

(예시: 페통돌이를 이용한 수동 손건조기)

현대사회의 흐름은 정보의 소비를 넘어 정보 생산의 중요성을 강조하고 있습니다. 정보를 생산한다는 것은 나의 창의적인 사고로 만들어낸 정보가 다른 이에게도 가치를 가진다는 뜻입니다. 그렇다면 학생들이 창의적으로 사고하여 정보를 생산하는 데까지 나아가는 가장 좋은 교육방법은 무엇일까요? 오랜 고민 끝에 얻은 해답은 바로 발명에 있다는 것입니다.

초중등 교육법에도 발명진흥에 관련된 법이 2012년 6월에 발효되어 학생생활기록부에도 발명교육에 대한 부분을 기재하도록 되어 있습니다. 그만큼 발명교육이 미래사회를 이끌어나갈 학생들에게 가치 있는 교육의 한 부분으로 인정받고 있습니다. 하지만 발명교육에 대한 매뉴얼이 보급되어있지 않은 상황에서 교사들이 선뜻

발명교육을 시작하기는 어려운 실정입니다. 그 이유는 발명품의 목적과 쓰이는 방법에 따라 지도방법도 달라지기 때문입니다. 다만 과학을 탐구하는 학생의 관점에서 바라본다면 주제를 선정하여 탐구해 나가는 과정, 생각으로만 있던 아이디어가 실물화되어가는 과정 등은 발명에 꼭 필요한 공통된 요소라고 볼 수 있을 것입니다. 이에 제33회 전국학생과학발명품경진대회에서 대통령상을 수상한 "폐통돌이를 이용한 수동 손건조기"의 발명 과정을 통해 학교 현장에서 발명교육의 방향과 그것을 통한 학생들의 과학적인 성장 과정을 나누어보고자 합니다.

제33회 전국학생과학발명품경진대회에서 대통령상을 받은 작품의 이름은 "폐통돌이를 이용한 수동 손건조기"입니다. 자원재활용 부문으로 저탄소녹색성장 시대에 전기 절약이 가능한 손건조기를 새롭게 발명한 것입니다. 기존의 손건조기는 필터를 통한 인위적인 바람을 일으키는 과정에서 필터오염으로 인한 세균감염 및 전기사용 등으로 탄소배출량을 증가시키는 구조입니다. 이러한 단점을 보완하기 위하여 재활용품을 이용한 손건조기를 제작하여 필터를 사용하지 않는 자연바람 손건조가 가능하도록 한 것이 폐통돌이를 이용한 수동 손건조기입니다. 필터를 사용하지 않기에 필터 세균오염 방지가 가능하고 전기 대신 페달로 밟아 수동으로 바람을 일으키기 때문에 전기도 사용하지 않습니다. 환경을 아끼고 보호하는 방법이 다양하게 있지만 학생들 자신이 쓰는 전기제품에 착안하여 친환경 발명품을 만들어낸 것입니다. 학생들은 이 과정을 통하여 과학적 지식을 실생활에 활용하므로 과학에 대한 흥미와 관심도가 높아지는 경험을 쌓게 될 것입니다.

1. 주제 선정하기

좋은 주제를 찾는 비법 — SCAMPER 기법

발명을 시작하기 전에 가장 중요한 것은 바로 주제를 정하는 것입니다. 이때 SCAMPER 기법을 활용하면 학생들이 발명의 좋은 주제를 찾는 데 큰 도움을 얻을 수 있습니다.

- S(substitute) 다른 것으로 대치하면
- C(combine) 다른 것을 첨가하면
- A(adapt) 다른 상황에 적용하면
- M(modify) 색, 형태를 변화시키면: (minify) 작게, 가볍게, 짧게 하면, (magnify) 크게, 강하게, 두껍게 하면
- P(put to other use) 다른 용도로 사용하면
- E(eliminate) 제거하면
- R(reverse) 거꾸로 하면: (rearrange) 재배열 하면

학생들의 삶 속에서 다양한 주제 찾기

발명의 주제를 멀리서 찾기보다 학생들의 학교생활이나 가정생활에서 찾는 것이 도움이 됩니다. 수업에서 다양한 과학적 원리를 학습한 후에 이를 적용하는 과정에서 발명품을 구상할 수 있습니다.

또 과학실험 과정 중 개선이 필요한 실험기구 찾기, 눈에 보이지 않지만 눈으로 보고 싶은 실험 설계 해보기 등의 활동으로도 발명품의 아이디어를 얻을 수 있습니다.

또 다른 방법으로 체험학습에서 다양한 발명대회를 견학하거나, 과학관을 견학한 후 개선점을 찾아보는 과정에서 발명품에 대한 주제를 찾을 수 있습니다.

가정에서도 발명품의 주제를 찾을 수 있는데, 가족이나 친구, 주변 사람들과 일상생활의 불편함에 대해 이야기 나누는 과정에서 발명의 아이디어를 얻을 수 있는 것입니다.

주제 선정의 방향은 신규성과 실용성이다

발명품을 제작하는 데 가장 중요한 요소는 신규성과 실용성입니다. 단지 실용성에 중점을 두고 주제를 선정하다보면 새롭게 나오는 발명품은 거의 없고, 신규성에 중점을 두고 주제를 선정하면 그것이 일상생활의 불편함을 해소해주는 데 꼭 필요한 실용성을 가진 것이라고 볼 수 없을 때가 많습니다. 사실 전국학생과학발명품경진대회의 수상작들은 꼭 필요하냐에 대한 대답을 하기 곤란한 주제들이 많습니다. 하지만 발명의 주제가 어느 정도 신규성을 갖고 있으면서 일상생활에서 꼭 필요한 부분을 해결했다는 점에서는 높은 점수를 받고 있습니다.

따라서 대회 제목에서도 알 수 있듯이 발명품에 과학적인 원리가 스며들어 있어 발명 작품을 제작하는 과정에서 과학적인 탐구학습이 될 수 있는 주제를 선정하는 것이 가장 좋습니다.

다양한 발명의 주제 중 우선순위를 정하는 방법

만약 다양한 발명 아이디어와 주제가 있을 때 우선순위를 매기기 위해 고려해야 하는 사항은 다음과 같습니다.

- 사회적으로 이슈가 되고 있는 테마인가?
- 환경친화적이며 미래지향적인 방향인가?
- 학생의 관점에서 일상적으로 접할 수 있는 내용인가?
- 교육과정과 연결고리가 있는 탐구 내용인가?
- 실용성과 경제성이 강조되는 내용인가?
- 특징적인 기능을 적용할 수 있는 내용인가?
- 불편함을 개선해주는 발전적인 내용인가?

위 내용을 적용하기 위해 모둠의 학생들 사이에 다양한 아이디어를 내보는 활동을 한 후에 위에 제시한 요건들을 만족할 수 있는 아이디어를 선정하면 학생들이 가치 있는 발명품을 제작하게 될 확률이 높아질 것입니다.

그 외 다양한 발명 아이디어 얻는 방법

기존의 전국학생과학발명품경진대회 출품 아이디어나, 전국과학전람회 등의 아이디어를 '국립중앙과학관' 홈페이지에서 검색하여 활용할 수 있습니다. 그 외 더 많은 아이디어를 검색해보고 싶을 때에는 특허정보검색서비스(키프리스)나 네이버 특허검색을 활용하면 좋을 것입니다.

2. 탐구 계획서 작성하기

주제 선정에 따라 다음과 같은 탐구 계획서를 작성해야 합니다. 지도가 있으면 편리하게 길을 찾을 수 있는 것처럼 탐구계획서를 만들어 놓으면 계획서에 따라 연구과정을 효율적으로 진행할 수 있습니다.

작품명	페통돌이를 이용한 수동 손건조기			출품부문	자원재활용
지역	OO시·군	학교명	OO초등학교	학생 성명(학원)	하OO(6)
지도교원 성명	김OO	지도교원 휴대전화	010-	지도교원 이메일	

1. **제작동기**
저탄소 녹색성장의 중요성 대두로 청정에너지원의 사용을 필요로 하는 요즈음 전기를 사용하지 않고 손을 말려 환경도 보호하면서 위생적인 생활도 가능한 생활용품 개발이 필요함

2. **제작단계**
구상단계(걸레세척기 + 선풍기 날개) → **조립단계**(걸레세척기의 회전하는 부분에 선풍기 날개를 끼우고 바람을 잘 모을 수 있는 통 구조를 설계하여 조립함) → **1차 작품 사용**(장점: 손이 빠르게 마름, 발을 구르는 것이 재미있음, 단점: 선풍기 날개가 작아 바람의 세기가 약함, 본체의 높이가 낮음) → **보완**(선풍기 날개 크기를 큰 것으로 교체, 보편적인 허리 높이에 맞는 몸통 설계) → **2차 작품 완성**(장점: 날개가 커져 바람의 세기가 세짐, 단점: 우드락으로 만들어서 내구성이 떨어짐) → **보완**(아크릴판으로 내구성 높임, 원통형으로도 만듦) → **완성품 제작** (사각형 모양의 몸체, 둥근모양의 몸체등 두가지 완성품을 제작함)

3. **작품내용**(원리, 구조, 동작, 기능 등) **및 그림**(또는 사진)

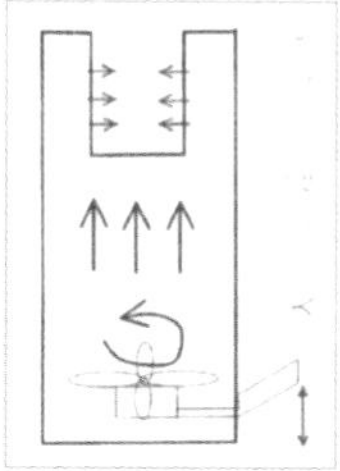

작품 원리: 다리로 동력을 주면 나사가 회전하여 선풍기 날개가 회전함. 바람이 만들어지면서 손을 건조시켜 줌.
작품 구조: 발받침, 손 넣는 구멍, 몸체 등으로 이루어짐
동작: 손 넣는 구멍에 손을 넣고 발로 페달을 밟아줌

4. **독창성**(이 작품에서 창의적인 면, 어필할 수 있는 부분)
시중에 손을 건조시키기 위해 전기를 사용하는 것들은 일상생활에서 많이 쓰이고 있다. 하지만 전기를 사용하지 않고 발로 밟음으로써 동력을 만들어내서 손을 건조시키는 것은 이것이 최초이다. 비슷한 물건도 없다. 그리고 걸레를 빠는 기계는 학교현장에서도 흔히 쓰이고 있으며 가정에서도 두루 쓰이는 히트 상품임.

5. **과학적 탐구내용**
바람이 만들어진 후 나오는 구멍이 작아지면 바람의 세기가 커진다는 원리를 발견하였고, 손건조 실험에 여러 가지 통제변인, 독립변인, 종속변인을 계획하며 과학적 탐구과정을 몸소 체험함.

6. **적용 효과**
자원을 재활용하며 새로운 생활필수품을 만들어냄으로써 자원절약이 되고 전기사용을 줄임으로써 물자절약, 녹생성장을 가능하게 함.

3. 탐구 방향 설정하기

탐구 방향 설정하기

발명품이란 세상에 없던 새로운 제품이기도 하지만 보통은 현재의 모습보다 경제성, 실용성, 편리성, 효율성 등이 향상된 제품이라고 할 수 있습니다. 따라서 기존의 제품에서 경제성, 실용성, 편리성, 효율성 등을 향상시킬 수 있도록 탐구 방향을 정하는 것도 좋습니다. 제33회 대통령상 수상작이었던 "페통돌이를 이용한 수동 손건조기"를 통해 기존 제품의 기능을 향상시킨 발명품의 탐구 방향 과정을 알아보고자 합니다.

기존 전기 손건조기	
장점	단점
▪ 손이 빠르게 건조된다. ▪ 바람을 내뿜는 풍속이 강하다. ▪ 설치가 간단하다. ▪ 사용 시 안전하고 편리하다.	▪ 전기를 사용한다. ▪ 필터교체의 불편함이 있다. ▪ 필터 미교체 시 오히려 세균을 내뿜는다. ▪ 구입비용, 전기료 등 많은 유지비가 든다.

⬇

in and out 기법 활용
장점은 In !
단점은 Out !

⬇ → 탐구 방향 설정

발명하고자 하는 손건조기	
▪ 손이 빠르게 건조된다. ▪ 설치가 간단하다. ▪ 전기를 사용하지 않는다. ▪ 자연바람으로 건조한다. ▪ 유지비가 전혀 들지 않는다.	▪ 바람을 내뿜는 풍속이 강하다. ▪ 사용 시 안전하고 편리하다. ▪ 필터를 교체하지 않는다. ▪ 재활용품을 이용하여 제작한다.

이 과정을 통해 기존 손건조기의 장점과 단점을 찾아 유지하고 싶은 점과 제거하고 싶은 점을 구분하여 새로운 손건조기의 모습을 구상해 보았습니다. 첫째, 전기를 사용하지 않고 기존 손건조기의 바람의 세기를 유지하는 방법 찾기, 필터를 사용하지 않고 자연 바람을 사용할 수 있는 구조 찾기, 발명품 제작에 활용할 수 있는 재활용품 찾기 등 세 가지의 탐구 방향을 설정할 수 있었습니다.

탐구 방향을 설정한 후 검증하기

다음과 같은 질문을 통해 탐구 방향이 바르게 설정되었는지 검증할 수 있습니다.

- 기존 제품에서는 본적이 없는 새롭고 독특한 아이디어를 제시하는가?
- 학생 수준에서 탐구가 가능하며 짜임새 있는 탐구과정이 가능한가?
- 과학적이면서도 흥미 있는 발명품 제작이 가능한가?
- 이외에도 다른 발명품을 만들어 낼 수 있는 새로운 아이디어를 시사해주고 있는 방향인가?

4. 탐구실험 계획 — 탐구 소주제 정하기

탐구 소주제는 발명품을 제작하는 데 필요한 다양한 탐구실험을 계획하기 위해 필요한 것입니다. 예를 들어 수동 손건조기를 제작하기 위해서는 손을 건조시킬 수 있는 풍속을 내기 위한 다양한 조건의 탐구실험이 필요합니다. 이렇게 발명품을 제작하는 과정 중 기능을 향상시키는 데 필요한 다양한 탐구실험은 제작 중간에 필요한 경우도 있지만 대부분 미리 선정하여 계획하는 것이 가능합니다.

탐구 계획은 학생 스스로 세울 수 있도록 지도해야 하며 이때 탐구과정을 처음, 가운데, 끝으로 나누어 계획할 수 있도록 해야 합니다. 탐구과정은 기초 탐구와 조건 탐구, 본 탐구와 응용 탐구과정 등으로 나눌 수 있습니다.

기초 탐구는 주제 수행에 필요한 외적인 요소를 분석하여 탐구하는 분야입니다.

조건 탐구는 발명품의 제작 속에서 이루어지는 다양한 변인통제가 병행되는 탐구 분야입니다.

기초 탐구과정에서는 탐구에 필요한 기본적인 지식, 탐구 방법 등을 중심으로 지도해야 하고, 본 탐구과정에서는 실제로 학생들이 탐구하고자 부분을 탐구하도록 하는데 크게 3~4 단계의 탐구과정으로 나눠서 계획하게 해야 합니다.

응용 탐구과정에서는 알아낸 내용을 바탕으로 실생활에 응용하거나 산출물을 제작하는 활동을 중심으로 계획하도록 해야 합니다.

기초 탐구실험을 선정하는 방법

기초 탐구실험이란 제작하려고 하는 발명품이 과연 타당한지를 검증하는 단계라고 할 수 있습니다. 이때 이 발명품을 제작함으로써 기존에 갖고 있는 문제점 중 얼마나 많은 부분을 해소할 수 있는가를 중점에 두고 실험을 설계해야 합니다. 보통 이 단계에서는 검증 및 실험 방법으로 조사활동이 많이 쓰입니다.

"폐통돌이를 이용한 수동 손건조기"에서의 기초 탐구실험은 매체를 통한 조사, 직접 방문 조사 등 두 가지 방법으로 다음의 두 가지 목적을 해소하려고 노력하였습니다.

첫 번째로, 수동 손건조기가 왜 필요한가입니다. 저탄소 녹색성장의 시대적 흐름에 맞춰 전기를 사용하지 않는 것은 환경 보호에 있어 중요한 관점입니다. 또 전기 손건조기를 사용함으로써 갖는 불편함을 수동 손건조기가 해소할 수 있어야 하는데, 그것이 필터 미교체에 따른 오염이었습니다.

두 번째로, 폐통돌이가 많이 버려지고 있느냐 하는 것입니다. 자원재활용 부문의 목적은 많이 버려지는 폐자원을 활용하여 꼭 필요한 발명품을 제작하였는지가 목적이므로 폐통돌이가 많이 버려지고 있다는 기초탐구가 필요한 것입니다.

조건 탐구실험을 선정하는 방법

조건 탐구실험이란 작품을 제작하는 과정을 설계할 때 어떤 기능적인 부분에 초점을 두느냐를 검증하는 단계라고 할 수 있습니다. 본 탐구에서의 중점사항은 수동 손건조기가 전기 손건조기와 같이 손을 건조시키기 위해서는 전기 손건조기와 같은 풍속을 내야 한다는 점입니다. 왜냐하면 바람의 세기에 따라 손이 건조되는 시간이 달라지기 때문에 수동으로 작동하면서도 전기로 작동하는 것과 같은 시간 내에 손이 건조되어야만 실용성을 갖는 발명품이 되기 때문입니다.

먼저 실험 설계에 능숙하지 않은 초등학교 학생들에게 조건 탐구실험에 대해서 지도해야 할 기초적인 내용은 다음과 같습니다.

명칭	설명
변인	실험에 사용되는 모든 조건들
통제변인	실험에서 일정하게 유지해주어야 하는 조건
독립변인	실험에서 변화시켜주어야 하는 조건
종속변인	독립변인의 변화에 따라 같이 변화되는 결과
실험군	실험에서 변화시켜주는 대상
대조군	실험군과는 다르게 변화시키지 않는 대상

예
(예) 실험주제 "**염산은 어떤 금속과 반응을 더 잘할까**" 준비물 – 비커, 충분한 양의 염산, 구리, 철, 알루미늄 통제변인 – 염산의 양, 비커의 모양, 사용하는 금속들의 질량 독립변인 – 금속의 종류 종속변인 – 금속과 염산이 반응하여 발생하는 기포의 수
(예) 실험주제 "**물의 양에 따라 물 끓는 속도가 어떻게 달라질까**" 준비물 – 주전자 3개, 컵, 가스레인지, 시계 통제변인 – 주전자의 크기와 모양, 컵의 크기와 모양, 일정한 화력 등 독립변인 – 물의 양 종속변인 – 물의 양에 따라 변하는 끓는 시간

1) 발명품의 장점 향상 탐구실험 구안

장점	필요 탐구실험
▪ 전기를 사용하지 않는다.	➔ 수동으로 작동하는 데 편리함을 높여주는 탐구실험 구안
▪ 자연바람으로 건조합니다.	➔ 자연바람이 잘 들어올 수 있는 구조 구안
▪ 비용이 들지 않는다.	➔ 적합한 재활용품 구안

1) 발명품의 장점 향상 탐구실험 구안

단점	필요 탐구실험
▪ 풍속이 높지 않다.	➔ 풍속을 높이는 탐구실험 구안
▪ 기존 손건조기보다 디자인이 우수하지 않다.	➔ 자연친화적이면서 심미적인 디자인 구상
▪ 물 빠짐 구조가 없다.	➔ 물 빠짐이 필요 없는 재료 구안

⬇ 탐구 소주제 설정

조건 탐구실험
➔ 수동으로 작동하는 데 편리함을 높여주는 탐구실험 구안 – 발판 길이 조절 탐구실험
➔ 자연바람이 잘 들어올 수 있는 구조 구안 – 겉 표면에 공기구멍 뚫기 및 철망으로 구조 제작
➔ 적합한 재활용품 구안 – 철망, 폐통돌이, 쇠 구조물 등
➔ 풍속을 높이는 탐구실험 구안 – 선풍기 날개 개수 변화 실험, 날개 층 개수 변화 실험 풍속이 높아지는 구조 변화 실험
➔ 자연친화적이면서 심미적인 디자인 구상 – 자연의 모습을 담은 시트지로 꾸미기
➔ 물 빠짐이 필요 없는 재료 구안 – 물 빠짐이 필요 없는 자연건조 가능 디자인 구안

실험의 전 과정에 대한 완성도는 다음과 같은 단계별 질문을 통하여 검증할 수 있습니다.

– **문제 인식 및 주제 선정 :** 의미가 있으면서 해결 가능한 주제를 선정하였는가?

- **과제 설계 및 수행 :** 실행 가능한 탐구(문제해결) 과정을 체계적으로 설계하고, 탐구(문제해결) 활동을 수행하였는가?
- **자료 분석 및 해석 :** 탐구결과를 논리적으로 표현하고 타당하게 적용하였는가?
- **결론 도출 및 평가 :** 결론 도출 과정이 합리적이고 논리적인가?

5. 탐구일지 작성하기

탐구일지 작성은 발명품 제작과정에서 크게 강조해야 할 부분입니다. 학생들이 탐구일지를 작성함으로써 과학적 탐구과정에 대한 결과를 쌓아감과 동시에 과거의 탐구과정을 되돌아봄으로써 앞으로의 탐구과정을 계획할 수 있기 때문입니다.

주제	
날짜	년 월 일
활동 내용	※ 작품관련 사진(설계도, 도면)이나 학생활동 사진, 완성 예상 그림 등 첨부 OK!!
느낀 점	※ 활동 후 새롭게 알게 된 점, 앞으로 나아갈 방향, 느낀 점 등 학생의 생각 정리하기
지도 조언	※ 교사의 지도 조언을 빨강색 펜으로 수기 작성하도록 합니다.

탐구일지 작성 방법

1) 탐구일지 작성은 제작과정에서 크게 강조해야 할 부분입니다.

탐구일지를 작성해야 하는 이유는 학생들이 탐구일지를 작성함으로써 과학적 탐구과정에 대한 결과를 누적함과 동시에 과거의 탐구과정을 되돌아봄으로써 앞으로의 탐구과정까지 계획할 수 있기 때문입니다.

탐구일지는 나중에 작품 심사 시에도 필요합니다. 발명품 심사 시, 심사위원이 학생과 교사의 역할 분담을 파악할 때 학생에게 질문을 하는 것과 더불어 탐구일지 작성을 보고 아이디어의 변화과정을 파악하여 학생이 직접 구상하였는지 교사가 구상하였는지를 파악하게 됩니다. 따라서 학생의 아이디어 변화과정을 탐구일지에 직접 그림으로 그려서 표현해 놓는 것이 꼭 필요합니다.

2) 탐구일지 작성 요령

- 주제는 그때그때 탐구하는 내용의 제목을 적습니다.
- 활동 내용은 사진, 그림 등을 첨부해서 제작내용을 알기 쉽고 간략하게 적습니다.
- 활동 후에는 반드시 느낀 점을 적도록 합니다.
- 지도교사는 지도 조언을 해주어야 하며 이 지도 내용은 다음 탐구일지부터 바로 반영하도록 지도해야 합니다.
- 반드시 학생 손으로 직접 쓰도록 지도해야 합니다(컴퓨터를 이용하여 작성하는 것 지양).
- 사진 파일로 붙이지 말고, 학생이 직접 그려보도록 지도해야 합니다.

- 추후에 변동된 사항이나, 교사의 지도 조언을 받은 후에 수정된 사항은 포스트잇으로 덧붙여 설명을 적어 놓게 해야 합니다. (시각적으로 탐구 과정 누적 모습이 보임)
- 교사의 설명은 학생의 탐구일지 아래 부분에 빨간색 펜으로 쓰고, 의문 나는 점이나 수정해야 할 곳에는 밑줄을 쳐서 표시하도록 합니다.

탐구일지 예시 자료

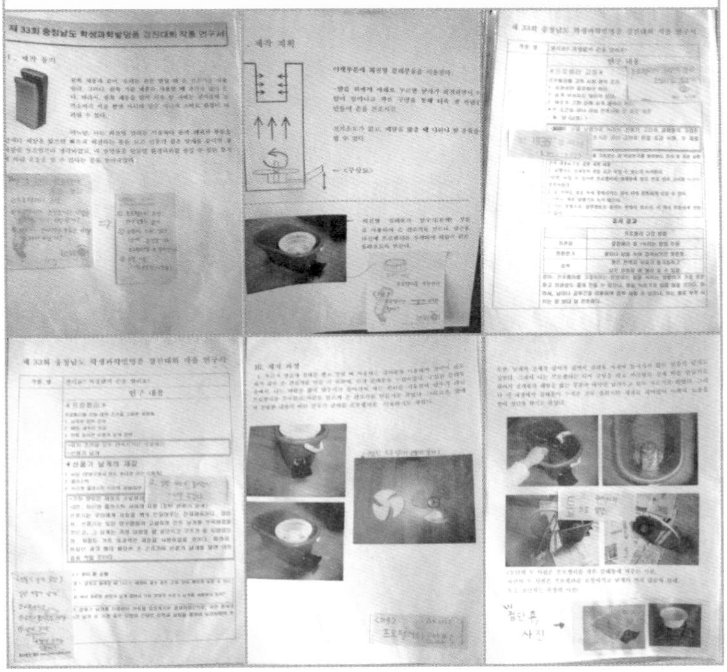

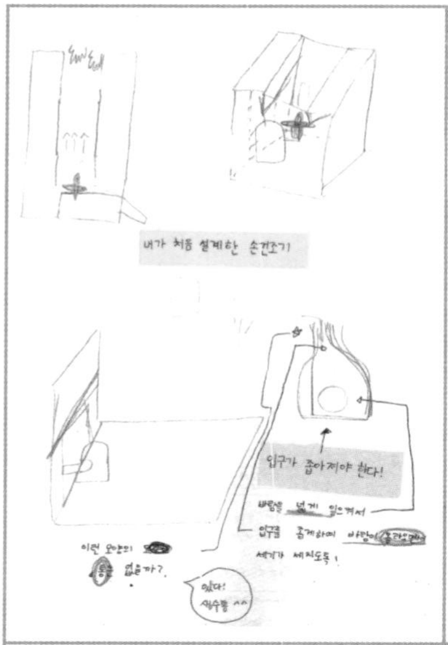

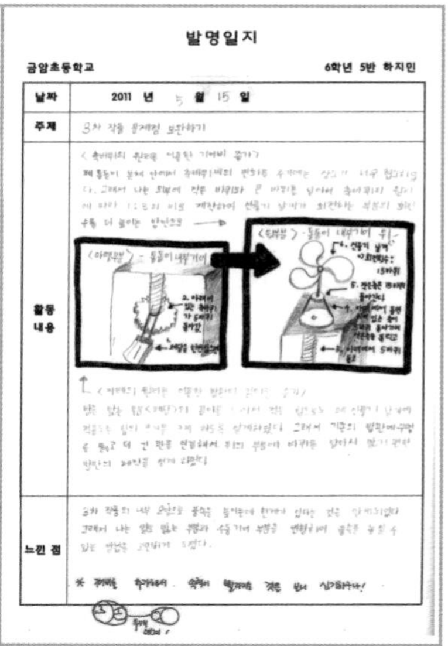

발명일지

금암초등학교 6학년 5반 하지민

날짜	2011 년 5 월 15 일
주제	3차 작품 문제점 보완하기
활동 내용	[illegible]
느낀 점	[illegible]

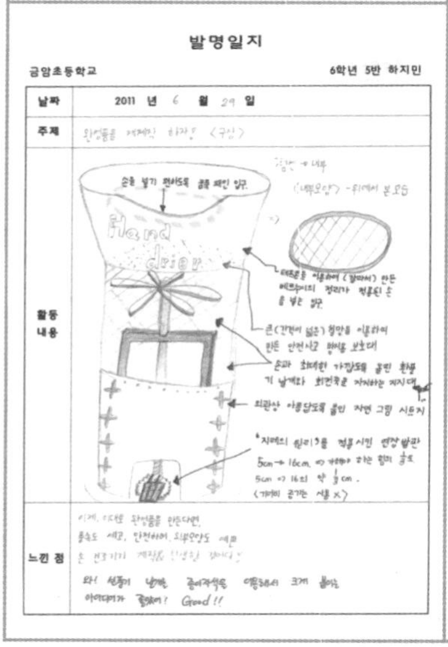

발명일지

금암초등학교 6학년 5반 하지민

날짜	2011 년 6 월 29 일
주제	완성품을 제작해 보자! <구상>
활동 내용	[illegible]
느낀 점	[illegible] Good!!

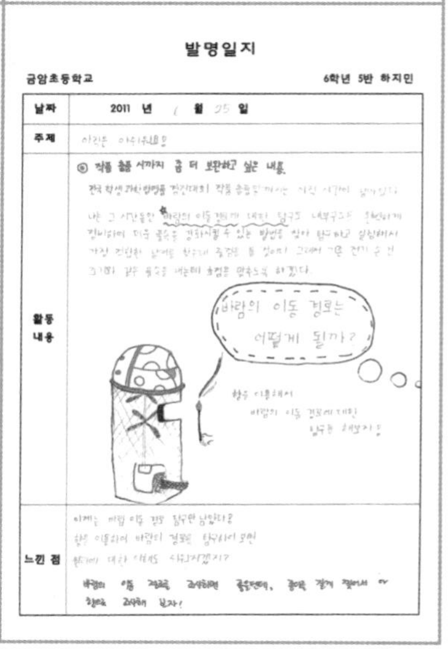

발명일지

금암초등학교 6학년 5반 하지민

날짜	2011 년 7 월 25 일
주제	[illegible]
활동 내용	⑥ 작품 출품 시까지 좀 더 보완하고 싶은 내용. [illegible] 바람의 이동 경로는 어떻게 될까?
느낀 점	[illegible]

과학대회 핵심요약!

발명대회 탐구과정

1. 주제 선정하기: SCAMPER 기법을 활용, 학생들의 삶 속에서 다양한 주제 찾기, 주제 선정의 방향은 신규성과 실용성
2. 탐구 계획서 작성: 탐구계획서를 만들어 놓으면 계획서에 따라 연구과정을 효율적으로 진행할 수 있음
3. 탐구 방향 설정: 탐구 방향 설정 - 탐구 방향을 설정한 후 검증
4. 탐구실험 계획, 탐구 소주제 정하기: 탐구과정은 기초 탐구와 조건 탐구, 본 탐구와 응용 탐구과정 등으로 나눌 수 있음
5. 탐구 일지 작성: 탐구일지 작성은 발명품 제작과정에서 크게 강조해야 할 부분

08

전국학생과학발명품경진대회 작품 제작에서 실제 출품까지 도전!

1. 전국학생과학발명품경진대회 준비과정
- 발명품 제작하기

1차 작품 제작하기

처음에 폐통돌이를 작품 제작에 필요한 부분만 남기고 자르도록

내부구조	외부구조	작동 방법
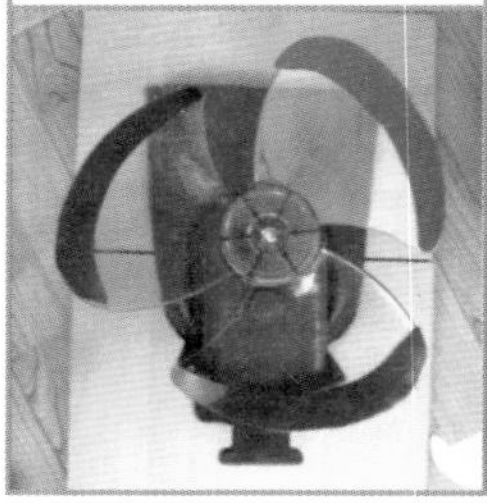		

마름질을 지도했습니다. 이때 톱으로 플라스틱을 잘라야 하는 부분은 위험하므로 교사가 도와줘야 합니다.

폐통돌이의 바구니가 돌아가는 부분에서 바구니를 빼고 폐선풍기 날개를 끼우도록 지도했습니다. 실제 제작과정에서 바구니가 잘 빠지지 않고 폐선풍기 날개의 구멍크기(0.8cm)가 돌아가는 쇠막대와 꼭 맞지 않아서 학생이 고민하는 일이 발생했습니다. 이 문제는 교사가 그곳에 스카치테이프를 붙여서 고정한 후 실험할 때마다 변형 가능하도록 아이디어를 제공하여 해결할 수 있었습니다.

본체 제작 시 마름질이 쉬운 우드락으로 만들어보도록 하였습니다. 이때 바람이 모아질 수 있도록 기와집 구조처럼 한쪽이 기울어지도록 제작하고 발판 부분은 공기가 새어나가지 않도록 모양을 딱 맞게 만들었습니다.

본체의 아랫부분에 공기가 들어갈 수 있는 통로를 가로 5cm, 세로 7cm 크기로 잘라서 이물질 방지 망을 씌우도록 지도하였습니다.

1차 작품 개선을 위한 풍속 증가 탐구실험

조건	조건 변인	풍속(m/s)
날개 층	1층	4.3
	2층	4.8
날개 수	4	4.8
	5	5.1
	6	5.5
날개와 거리	1cm	7.0
	20cm	5.5

수동 손건조기의 단점인 풍속이 약하다는 점을 보강하기 위해 다양한 탐구실험을 계획하였습니다. 이를 위해 풍속이 세지는 변인을 찾는 탐구일지를 작성하도록 했습니다.

- **풍속이 세지는 변인 1:** 선풍기 날개의 개수에 따른 풍속의 증가 탐구실험을 계획했습니다. 이 실험결과, 선풍기 날개의 개수가 많을수록 풍속이 증가하였습니다.
- **풍속이 세지는 변인 2:** 바람이 나오는 입구의 폭에 따른 풍속의 증가 탐구실험을 계획했습니다. 이 실험결과, 바람이 나오는 입구가 좁아지면 풍속이 줄어들었습니다.

이러한 실험을 통해 알게 된 점은 선풍기 날개의 개수가 많을수록 풍속이 세지고, 선풍기 날개의 층이 많을수록 바람의 세기가 세진다는 점입니다. 또 바람이 나오는 입구의 폭이 좁으면 풍속이 약해지므로 입구의 폭이 넓어지면 풍속이 증가할 것을 예측할 수 있었습니다.

이러한 실험을 통하여 2차 작품 제작을 위해 2층 구조 제작, 선풍기 날개 개수 늘림, 바람 나오는 입구의 폭 넓힘 등을 계획할 수 있었습니다.

2차 작품 제작하기

내부 구조	외부 구조	작동 발판
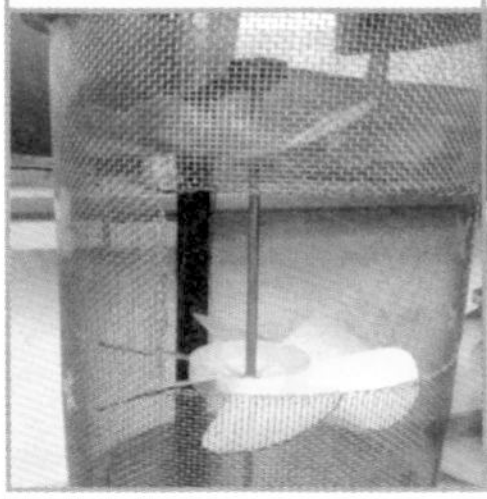		

내구성이 좋지 않은 우드락 대신에 폐철망을 이용하여 공기의 이동이 자유롭도록 본체 재료를 바꾸어 제작하도록 지도하였습니다. 이때 풍속이 세지는 내부구조에 대한 탐구일지를 작성하도록 하였습니다.

선풍기 날개 개수를 늘리기 위해 시중에서 구할 수 있는 폐선풍기 날개를 친구들에게 도움을 받아 구할 수 있도록 권유했습니다. 이를 통하여 폐선풍기 날개를 다양하게 구해서 풍속이 센 선풍기 날개를 장착하여 기동시켜 볼 수 있었습니다.

선풍기 날개를 2층으로 했을 때 서로 부딪히지 않는 내부구조를 다시 구안하도록 지도했습니다. 이를 위해 쇠로 된 막대의 길이를 늘일 수 있는 공업사를 학생과 함께 방문하여 더 많은 선풍기를 층으로 쌓을 수 있도록 길게 제작해 달라고 부탁하였습니다.

선풍기 바람의 운동방향을 알아보기 위해 '향 실험'을 했는데, 그 결과 바람이 나올 때 벽면을 따라 나온다는 사실을 알게 되었습니다.

안전성을 고려한 풍속 증가 탐구실험

<table>
<tr><th>조건</th><th>조건 변인</th><th>풍속(m/s)</th></tr>
<tr><td rowspan="3">입구모양</td><td>| |</td><td>4.2</td></tr>
<tr><td>/ \</td><td>4.6</td></tr>
<tr><td>\ /</td><td>7.3</td></tr>
<tr><td>날개 층</td><td colspan="2">2층 → 1층</td></tr>
<tr><td rowspan="2">발판 길이</td><td>5cm</td><td>힘이 많이 듦</td></tr>
<tr><td>16cm</td><td>힘이 적게 듦</td></tr>
</table>

폭이 넓어지고 좁아짐에 따른 실험을 하고자 적당한 재료를 알아본 결과, 공사장 주변에서 쓰는 페테프콘이 적당하다는 사실을 알게 되었습니다. 페테프콘을 구입하여 입구의 크기와 맞는 부분으로 잘라서 사용하였습니다.

- **위로 갈수록 좁아지는 모양으로 끼워본 실험결과:** 풍속의 변화가 거의 없고 오히려 풍속이 약해진다는 사실을 알 수 있었습니다.
- **위로 갈수록 넓어지는 모양으로 끼워본 실험결과:** 풍속이 증가하여 실험 목적을 달성할 수 있었습니다.

이 실험결과를 통하여 〈베르누이의 원리〉에 따른 과학적 원리 탐구를 할 수 있었습니다. 즉, 선풍기 날개에서 바람이 생성되어 위로 올라가면서 겉면의 철망을 타고 올라가는데 이때 손 넣는 입구의 모습이 넓어지면 바람의 방향이 곡선이 되어 비행기 날개의 모습과 같이 저기압이 형성되고 풍속이 세어지는 원리를 알게 된 것입니다.

완성품 제작하기

내부 구조	외부 구조	작동 발판

내부 모양을 제작하는 데 적당한 재활용품에 대한 조언을 해주었습니다. 베르누이 원리에 의해 풍속이 세지려면 바람이 나오는 곳이 넓어야 한다는 사실을 주지시켜 주었습니다.

내부구조의 모습을 테두리에 바람이 집중되는 원리를 활용하여 자 구조로 제작하도록 지도하였습니다. 이때 안에 넣을 재활용품으로 페테프콘을 추천하였습니다.

다양한 내부모양의 조건에 따른 탐구실험을 하도록 지도하였습니다.

내부모양을 결정한 후 풍속을 높이는 또 다른 방법을 강구하도록 했는데, 축바퀴의 원리에 따라 도는 내부기어 비를 더욱 크게 하여 한 번 발을 굴렀을 때 돌아가는 회전수를 극대화하는 방법을 지도하였습니다.

내부기어의 비가 올라가면 한 번 밟을 때 들어가는 힘의 크기가 커지므로 발판의 길이를 길게 해서 힘의 크기를 작게 하는 지레의 원리를 지도하였습니다. 이에 학생 스스로가 발판의 길이를 길게 제작해야 함을 깨닫고 작업을 진행하는 성과를 거둘 수 있었습니다.

2. 전국학생과학발명품경진대회 준비과정
- 발명품을 과학 원리와 삶과 연결 짓기

발명품 속 과학적 원리

"폐통돌이를 이용한 수동 손건조기"에 적용된 과학적 원리는 크게 보면 다음 세 가지로 정리할 수 있습니다.

- **베르누이 정리:** 이것은 유체의 단면적이 감소하게 되면 속도가 증가하는 원리로 비행기 날개에 적용되어 비행기가 하늘을 날 수 있는 원리로 유명합니다. 집안에서 베르누이 원리를 이용하고 싶을 때 한쪽의 창문은 많이 열고 반대쪽 창문은 적게 열면 됩니다. 이때 적게 열린 반대쪽 창문 쪽으로 바람이 이동하면서 속도가 빨라지기 때문에 시원함을 느낄 수 있습니다.
- **축바퀴의 원리:** 큰 바퀴와 작은 바퀴가 서로 고정되어 있을 때 반지름의 차이가 많이 날수록 큰 바퀴가 한 번 돌 때 작은 바퀴는 여러 번 돈다는 원리입니다.
- **지레의 원리:** 힘점과 받침점 사이가 멀수록 적은 힘으로 큰 힘을 낼

수 있다는 원리입니다.

일상생활 속 과학적 원리

발명품에서 알게 된 과학적 원리는 우리의 일상생활에서도 경험할 수 있습니다. 아파트 통로는 베르누이의 원리에 의해 바람이 통과하는 단면적이 작기 때문에 바람의 속도가 빨라져 시원합니다.

두 사람이 야구방망이를 양쪽에서 잡고 서로 돌 때 축바퀴의 원리에 의해 야구방망이의 얇은 쪽을 잡고 있는 사람이 돌아가게 됩니다.

시소에서 균형을 잡을 때 지레의 원리에 의해 가벼운 사람이 뒤에 가서 앉아야 합니다.

▪ 교사TIP ▪

학생의 발달 수준을 잘 고려하여 이에 맞는 과학적 원리 지도가 이루어져야 합니다. 또 교사가 실물자료(사진, 영상, 그림 등)를 활용하여 지도하는 방법을 통해 평소 생활에서 사용되는 과학원리에 대한 자세한 설명이 뒷받침되어야 합니다. 만약 과학적 원리에 대한 이해가 어려울 때에는 교사와 학생이 함께 대학교수나 전문가를 찾아가 자문을 구하고 학습하는 기회를 갖는 것도 좋은 방법이 될 수 있습니다.

3. 전국학생과학발명품경진대회 준비과정
- 보고서 작성하기

전국학생과학발명품경진대회에 참가하기 위해서는 보고서를 작성해야 합니다. 다음은 "폐통돌이를 이용한 수동 손건조기"에 대한 보고서의 차례 부분입니다.

I. 제작 동기 및 목적
1. 제작 동기
2. 제작 목적

II. 작품 설계를 위한 사전 조사
1. 기존 손건조기 조사
2. 필터를 사용한 손건조기와 자연바람의 세균 수 비교
3. 버려지는 폐통돌이 수 조사
4. 특허 및 전국학생과학발명품경진대회 조사
5. 설문조사 결과

III. 작품 내용
1. 용어의 설명
2. 작품에 적용할 과학적 원리
3. 작품 속 창의적이고 차별화된 점

IV. 작품의 제작 과정
1. 제작 기간 및 절차
2. 제작 과정 개요
3. 1차 작품 제작
4. 2차 작품 제작
5. 3차 작품 제작
6. 완성 작품

V. 결론
1. 작품 효과 및 전망
2. 보완하고 싶은 점
3. 느낀 점

보고서의 목차는 위와 같이 구성하되 발명품의 영역에 맞는 사전 조사 및 작품 내용을 작성하도록 해야 합니다. 보고서에는 발명의 필요성 및 검색 자료, 작품에 포함된 과학적 원리, 학생이 직접 제작한 모습의 사진 및 탐구일지 내용 등이 들어가야 합니다. 작품의 효과와 전망에서는 이 작품이 다른 작품에 비해서 갖고 있는 장점을 강조하여 작성하고 앞으로 사용될 필요성이 크다는 것도 강조하면 좋습니다. 보고서를 작성할 때는 다양한 글씨체를 사용하기보다는 요강에 나와 있는 글씨체를 따르되, 강조하고 싶은 내용은 색을 사용하여 표시하면 더욱 좋을 것입니다.

보고서를 작성할 때는 반드시 요강에 있는 기준을 준수해야 합니다. 자유롭게 작성해도 되는 부분과 꼭 맞추어야 하는 부분을 구분하여 작성하도록 해야 합니다.

보고서를 구성할 때 사진과 글을 잘 종합하여 나열하도록 하는 것이 좋습니다.

작품 사용 후 효과를 검증할 때 반드시 객관적인 결과가 나오도록 해야 합니다. 예를 들면 성능 실험결과를 표로 작성한다든지, 면담 혹은 설문지 조사결과 통계 자료를 제시하는 방법을 사용할 수 있습니다.

4. 전국학생과학발명품경진대회 준비과정
– 차트 작성하기

차트 작성 방법

차트는 발명품 발표 시에 필요한 자료입니다. 이러한 차트 작성에서 중요한 것은 다음과 같은 두 가지입니다.

첫째, 제작 동기 및 목적과 관련하여 작품 제작의 필요성을 적어야 합니다. 특히 본 발명품이 기존 제품과 비교했을 때 어떤 장점과 개선점이 있는지를 강조하는 것이 중요합니다.

둘째, 현 시대에 화두가 되고 있는 주제와 관련된 부분을 적어야 합니다. 예를 들어 "폐통돌이를 이용한 수동 손건조기"는 '저탄소 녹색성장'이라는 현 시대의 요구를 적용한 발명품입니다. 과거 장애인에 대한 인권이 중요한 이슈가 되었을 때는 장애인 관련 발명품들이 좋은 성적을 거두었다고 합니다. 따라서 시대의 흐름에 맞는 발명품을 구안하는 것도 좋고, 구안한 발명품이 시대의 흐름에 어떻게 적합한지 또 어떤 점이 강점인지를 어필할 필요가 있습니다.

차트 작성 방법에는 제작과정을 먼저 적은 후 작품 설명을 하는 경우가 있고, 작품 설명을 먼저 한 후 제작과정에 대해 설명하는 경우가 있습니다. 이 두 가지 중 자신의 작품에 적합한 것으로 선택하면 됩니다.

실제 차트 작성 모습

617
폐통돌이를 이용한 수동 손건조기
출 품 자 : 하지민(금암초등학교)
지도교사 : 김선아(금암초등학교)
연구내용
가. 제작 동기
나. 제작 목적
가. 기초 탐구
손 건조기 건조 〉 자연 바람 건조
나. 1차 작품
라. 2차 작품
다. 탐구실험
가. 작품 구조
나. 과학적 원리 및 적용

5. 전국학생과학발명품경진대회 준비과정
- 발표하기

발표 지도 요령

홈쇼핑을 보면 쇼호스트들은 제품이 가진 장점은 극대화하고 단점은 최소화하는 내용을 통해 제품에 대한 긍정적인 이미지를 심어주고 구매자로 하여금 제품을 구매하도록 유도합니다. 발명품도 마찬가지로 장점은 상세하게 부분 부분으로 나누어 설명하고 미처 해결하지 못한 부분이 있다면 더 연구해보고자 하는 의지를 보여주도록 해야 합니다. 또 해결하지 못한 부분에 대한 질문이 나올 때를 대비하여 적절한 대답을 생각해두는 것도 중요합니다.

발표 시에 학생의 목소리 톤이 평소보다 높아야 합니다. 높은 목소리 톤은 명랑한 느낌을 주며 듣는 사람으로 하여금 집중할 수 있도록 해주는 효과가 있기 때문입니다.

또 발표 시에는 소극적인 태도가 아닌 적극적인 태도로 심사위원과 소통하는 발표를 해야 합니다. 예를 들어 발표할 때 심사위원의 눈을 보고 발표하면서 적절한 질문을 통해 심사위원과 소통하는 과정을 포함시켜 심사위원이 발명품을 잘 이해할 수 있도록 계획하는 것이 중요합니다.

발표 시나리오 작성하기

다음은 발표하기 전 실제 작성한 시나리오의 예입니다.

■ **제작 동기** — 안녕하세요, 작품번호 617번, 폐통돌이를 이용한 수동 손건조기를 발명한 하00입니다. 제가 이 발명품을 제작하게 된 이유는 사회시간에 배운 저탄소 녹색성장에 대한 내용을 듣고 실생활에 적용하는 방법을 생각해오다 전기 손건조기를 전기를 사용하지 않고 작동되도록 제작하면 어떨까 하는 생각이 들었습니다. 그래서 학교에서 사용하는 회전 통돌이를 이용한 수동 손건조기를 제작해보고자 하였습니다. 일본 대지진 때 발생한 원자력 발전소 방사능 누출사고에서도 보았듯이 전기를 만드는 데에는 큰 위험을 감수해야 합니다. 따라서 수동 손건조기를 제작한다면 만들기 힘든 전기를 절약하게 되어 저탄소 녹색성장을 실천할 수 있는 방법이라고 생각하였습니다.

■ **제작 목적** — 제작 목적은 첫째, 전기를 사용하지 않고 수동으로 작동하는 손건조기, 둘째, 필터 미교체로 인한 세균오염 걱정 없는 손건조기, 셋째, 폐자원을 활용하는 저비용 손건조기를 제작하는 것입니다.

■ **기초 탐구** — 작품을 제작하기 전, 저는 두 가지의 기초탐구를 해보았습니다. 첫째로 기존 손건조기와 자연바람 건조 시 손에 남아 있는 세균수를 조사하여 보았는데요. 소비자고발 제124회 세균 뿜는 손건조기 편을 참고한 결과, 기존 전기 손건조기를 이용하여 손을 말릴 때와 자연 바람으로 손을 말릴 때 세균수의 차이는 없고 오히려 필터가 오염된 전기 손건조기는 식중독을 일으키는 다량의 세균을 내뿜는다는 사실을 알게 되었습니다.

또 1년 동안 계룡시에서 버려지는 폐통돌이, 환풍기날개, 철구조물을 조사한 결과, 폐통돌이는 980개, 환풍기날개는 312개, 철구조물은 21,000kg이라는 엄청난 양이 버려지고 있었습니다.

그렇다면 우리나라 전체에서 버려지는 양은 어마어마할 것입니다. 그래서 전 위생적이고, 낭비되는 돈을 절약할 수 있으며, 녹색성장에 일조하는 손건조기를 제작해보기로 하였습니다.

▪ **1차 작품** — 먼저 1차 작품을 제작해보았는데요. 1차 작품의 특징은 폐종이상자의 활용과 회전관성의 이용입니다. 선풍기 날개를 폐통돌이에 붙여보니 오래 돌아가지 않고 풍속 역시 약하였습니다. 그래서 원리를 탐구했습니다. 그 결과, 무게중심이 중심에 있어, 원심력이 크게 생기지 못하여 몇 바퀴 돌지 않았습니다. 그래서 무게 중심을 가장자리로 옮기기 위하여, 여러 탐구실험 결과, 고무자석이 가장 적당하다는 결론을 얻어, 고무자석을 선풍기 날개에 부착하였습니다. 그랬더니, 회전관성이 커져 풍속이 세짐을 느낄 수 있었습니다. 그러나 이는 폐종이상자로 만들었기 때문에 견고하지 못하고 쉽게 부서졌습니다.

▪ **탐구실험** — 2차 작품을 만들기 전에 풍속을 높이기 위한 탐구실험을 해보았습니다. 이 실험을 통해 날개 층은 2층, 날개 수는 많을수록, 날개와의 거리는 가까울수록 풍속이 크게 나온다는 결과를 얻었습니다.

▪ **2차 작품** — 이를 토대로 만든 2차 작품은, 폐종이상자를 개선하여 공기가 쉽게 드나들 수 있도록 튼튼한 철망을 이용하였고, 손 가까이에 날개가 있을 때 풍속이 세지므로 긴 회전축을 이용하여 날개를 2층으로 제

작하였습니다.

2층으로 제작한 이유는 위, 가운데, 아래의 풍속을 재본 결과, 가운데가 가장 세게 나왔기 때문입니다. 그 이유는 아래의 바람은 위로 올라오고 위의 바람은 아랫바람을 빨아들이기 때문인 것으로 생각됩니다. 하지만 이는 사용 시 회전축에 손이 닿는 위험이 생길 수 있어서 실생활 적용에 적합하지 않다고 생각하였습니다.

▪ **3차 작품** — 그래서 3차 작품은 긴 회전축을 이용하되 날개를 1층으로 제작하고 대신에 날개의 끝에 자석을 길게 붙여 날개의 길이를 늘였고, 양 끝을 더욱 무겁게 하여 회전관성이 커져 풍속이 세지도록 제작하였습니다.

그리고 발판을 길게 해서 밟는 힘을 적게 들게 하고 안전성을 고려한 풍속 증가 실험 결과, 손 넣는 입구의 모양을 점점 넓게 하면 (종이를 옆에 대며) 비행기 날개의 곡선 부분의 모양이 되어 베르누이 정리에 따라 풍속이 더욱 세진다는 것을 반영하여 페테프콘으로 입구모양을 제작했습니다.

▪ **작품 설명** — 제 발명품의 사용 방법은 간단합니다. 발로 발판을 여러 번 밟아서 환풍기 날개를 세게 돌게 하고 손 건조 입구에 손을 올려놓아서 말리면 됩니다. 입구가 넓기 때문에 여러 사람이 한꺼번에 손을 말려도 되는 장점이 있습니다. 세균이 증가되지 않는 자연바람으로 건조를 하여 위생적인 손건조도 가능하고 전기를 사용하지 않기 때문에 탄소 배출도 하지 않으며 발을 밟는 과정에서 다리운동도 됩니다. 그리고 가장 중요한 사실은 모든 부분을 재활용품으로 제작했다는 것입니다. 작품 제

작에 폐통돌이, 폐철망, 폐환풍기 날개, 폐철구조물을 이용하여 많은 자원이 재활용됩니다.

▪ **적용된 과학적 원리** — 제 발명품에 적용된 과학적 원리는 첫째, 무게 중심을 이용한 회전관성 강화입니다. 환풍기 날개를 그대로 이용하지 않고 종이 자석을 양 끝에 붙여 회전관성을 강화하는 효과를 거두었고, 지레의 원리에 따라 발판을 늘여서 적은 힘으로 사용이 가능하며 내부는 축바퀴의 원리가 적용되어 한 번 밟을 때 다섯 번 이상 회전하는 효과를 거두었습니다. 그리고 손 넣는 입구를 넓혀 베르누이 정리에 따라 빠른 속력의 바람을 이용하여 손건조가 가능합니다.

▪ **효과 및 전망** — 이로 인해 얻을 수 있는 효과는 첫째, 경제적인 효과가 있습니다. 재활용품을 이용하므로 한 대당 40만원하는 손건조기 구입비용이 들지 않으면서 전기료와 필터교체비 등 월 10만원이 들던 유지비용이 전혀 들지 않습니다. 둘째, 저탄소 녹색성장에 이바지할 수 있습니다. 재활용품을 이용하므로 탄소를 배출하지 않고 만들 수 있으며 전기를 사용하지 않고 가동하기 때문입니다. 세 번째로 다리운동의 효과를 볼 수 있습니다. 전기 손건조기에 비해 수동 손건조기는 마르는 데 걸리는 시간이 더 걸립니다. 발을 구르는 횟수가 많아져 다리운동의 효과도 볼 수 있습니다. 넷째로 필터 오염으로 인한 세균오염 걱정도 없습니다. 필터를 사용하지 않고 자연바람으로 건조하기 때문입니다.
이와 같은 제 발명품을 통해 환경도 지키고 위생도 지키며 건강도 지키는 손건조를 해보시겠습니까?

이상으로 발표를 마치겠습니다. 감사합니다.

이러한 발표 대본 시나리오는 5분 분량, 3분 분량, 1분 분량 등 세 가지 종류로 작성하여 대비해야 합니다. 왜냐하면 간혹 심사위원들이 시간이 촉박할 경우 짧게 설명하라는 경우가 있기 때문입니다.

또 발표 시에는 심사위원의 눈을 보고 또박또박 띄어 읽기를 하며 작품 설명 시 심사위원과 함께 작동해보는 활동도 필요할 수 있습니다.

6. 전국학생과학발명품경진대회 준비과정 - 질의응답하기

예상 질문 '체크리스트' 만들기

심사위원들은 학생이 발표하는 중에 수시로 질문을 던집니다. 따라서 학생은 발표하는 내용에 대해 나올 수 있는 여러 질문에 대비해야 하므로 예상질문을 적어도 100개 이상 만들어 보는 것이 좋습니다. 특히 이 발명품에 가장 취약하다고 생각하는 부분에 대한 질문은 반드시 나오므로 제작하는 교사와 학생이 단점을 피하려 하지 말고 맞서서 대비하는 것이 필요합니다. 예를 들어 "페통돌이를 이용한 수동 손건조기"는 손이 젖었을 때 손의 물기를 빨아들이는 흡입구가 없는 것이 단점이었습니다. 마침 그 질문을 심사위원이 했을 때 학생은 이렇게 대답했습니다.

"보통, 사람들은 손을 씻고 무의식적으로 손의 물기를 한 번 털게 됩니다. 따라서 손에서 물이 뚝뚝 떨어지는 상태로 손을 건조하지는 않기 때문에 물 흡입구가 없어도 자연 건조될 수 있습니다."

미리 준비한 대답이지만 전날까지도 '이런 질문은 안 나오겠지? 나온다면 이렇게 대답해야지' 하는 생각으로 준비했던 것이었습니다. 탐구일지에서 탐구과정의 오류 하나도 발견될 시에는 상의 등급이 한 단계씩 내려간다고 들었습니다. 따라서 철저한 준비만이 좋은 성과를 얻는 지름길이 될 것입니다.

예상 질문 만들어 보기

예상 질문에 대비할 때 지도교사 외에 교장선생님, 교감선생님, 동료교사들, 학부모님들의 도움을 받아 작성하는 것도 다양한 관점의 질문에 대비할 수 있는 길이 될 수 있습니다. 다음은 대표적 예상 질문 리스트들입니다.

- 이 발명품의 장점 3가지, 단점 3가지를 말해보세요.
- 발명품에 적용된 과학적 원리는 실생활의 어느 부분에 쓰이고 있나요?
- 자원 재활용 시 이 폐자원을 모두 소모한 다음 부족할 때에는 어떻게 제작하나요?
- 발명품 제작 시 학생과 교사는 각각 어느 부분을 담당했나요?
- 제작하는 데는 비용이 얼마나 들었나요?
- 이 발명품을 제작하면서 어떤 점이 가장 뛰어나다고 생각하나요?

예상 질문에 답할 때에는 작품을 직접 시연하면서 답을 하고 자신의 답이 적힌 탐구일지 부분이 있으면 보여주며 답하면 좋은 결과를 얻을 수 있습니다.

과학대회 핵심요약!

● 발명대회 작품 제작에서 실제 출품까지 ●

1. 발명품 제작: 1차 작품 제작 - 2차 작품 제작 - 완성품 제작
2. 발명품을 삶과 과학 원리에 연결: 발명품이 일상생활과 연결되어야 함, 발명품 속에 과학적 원리가 들어 있어야 함
3. 보고서 작성하기: 전국학생과학발명품경진대회에 참가하기 위해서는 보고서를 작성해야 함
4. 차트 작성하기: 차트는 발명품 발표 시에 필요하기에 만드는 것
5. 발표하기: 발표 시나리오 작성, 발표 대본 시나리오는 5분 분량, 3분 분량, 1분 분량 등 세 가지 종류로 작성하여 대비
6. 질의응답하기: 예상 질문 '체크리스트' 만들기

4부

대통령상을 받은 9명 수상자들의 노하우 대방출!

09

전국과학전람회 대통령상 수상작들 - 소개/Q&A

1. 제53회 전국과학전람회 학생부문 물리분야 대통령상 - 학생 양희문/지도교사 이상일

"기타의 하모닉스 음은 왜 특정 위치에서만 발생할까?"

◉ 핵심 총평 ◉

이 작품은 세상에 없는 전혀 새로운 원리나 법칙을 발견한 것은 아닙니다. 그러나 기타를 좋아하는 초등학생이 하모닉스 음이 발생하는 물리적인 원리를 직접 탐구하여, 초등학생도 이해할 수 있을 정도로 표현하였다는 점에서 높은 평가를 받았습니다. 특히 하모닉스 음의 발생 원리를 설명하기 위해 제작한 실험 도구 등의 시각화 교육 자료는 매우 창의적이며 놀랍다는 평가를 받았습니다.

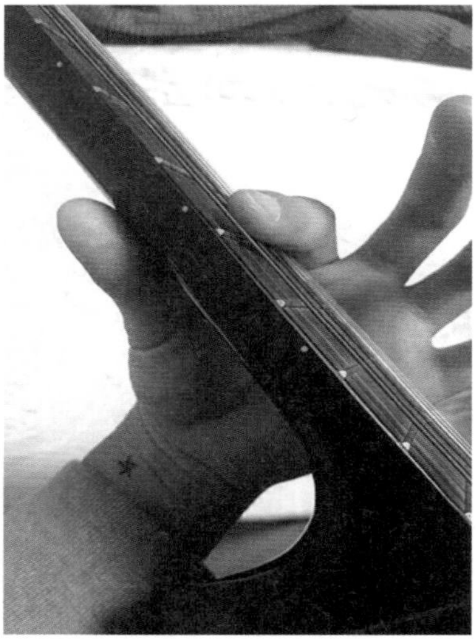
기타에서 하모닉스를 잡는 모습

일반적으로 기타 연주는 넥 위의 현을 꽉 눌러 정상파를 발생시켜 소리를 얻습니다. 하지만 하모닉스 주법은 현 위에 손가락만 살짝 대고 정상파를 발생시켜 소리를 얻습니다.

하모닉스 주법은 연주 방법에서도 많은 차이가 있지만, 특정 위치에서만 발생되는 것은 더욱 더 신기합니다. 그래서 하모닉스 음의 발생 원리와 왜 특정 부분에서만 발생하는지를 탐구하게 되었습니다.

탐구한 결과, 하모닉스 주법은 하나의 현에서 발생되는 여러 소리 중 마디 부분을 눌러 원하는 소리만 남겨서 음을 발생시키는 방법이라는 것을 알게 되었습니다.

이 작품은 학생작이기 때문에 탐구결과보다는 다음과 같이 창의적인 탐구과정과 적용 및 발전에 주안점을 두었습니다.

- 장력, 굵기, 재질을 달리 한 하모닉스 발생 위치를 플랫으로 표시하여 제작하고 실험한 점
- 하모닉스의 발생 이유를 찾기 위해 하모닉스 발생 지점을 순차적 혹은 동시에 눌러 소리를 발생시킨 점

— 하모닉스의 발생 원리와 관련하여 어느 곳에서도 하모닉스 음을 발생시킬 수 있는 연주법을 만들어낸 점

또 발명품 대회와 유사하게 하모닉스 음의 발생 원리를 쉽게 설명할 수 있는 시각화 자료를 제작하여 심사위원들에게 큰 호응을 얻었습니다.

이 작품의 가장 큰 특징은 연주와 시각화 자료를 직접 보여주고 단계 단계의 결과물을 아주 쉽게 제시하면서 설명한 점입니다. 실제로 쉽지 않은 과학 현상이지만 작품의 설명을 통해 아주 어린 학생들조차도 쉽게 이해할 수 있도록 한 점이 높은 평가를 받은 것 같습니다.

1106

기타의 하모닉스 음은 왜 특정 위치에서만 발생할까?

물리 부문 충남 언암초등학교 6학년 양희문
지도교사 이상일

Ⅰ 탐구 동기 및 계획

밴드 활동을 하시는 아버지 친구 분으로부터 기타를 선물로 받고 연습을 하던 중 현위에 손가락을 살짝 올려만 놓고 현을 진동시켜 소리를 발생시키는 하모닉스 주법을 알게 되었다. 하모닉스 주법은 연주 방법도 신기했지만, 특정 부분에서만 발생하는 것은 더욱 더 신기하였다. 그래서 하모닉스 음의 발생원리와 왜 특정 부분에서만 발생하는지를 탐구하게 되었다.

Ⅱ 탐구 장비

기타 및 앰프	실험용 현악기	소리 분석 프로그램	시각화 자료

Ⅲ 탐구 과제 및 결과

탐구 1 현악기와 하모닉스 음과의 관계

과 제1 하모닉스 주법은 정확히 무엇인가?

탐구 결과

일반적인 연주 주법	하모닉스 음 발생 주법
손가락으로 현을 꽉 눌러 플랫에 고정시키고 소리 발생	현 위에 손가락을 살짝 올려놓고 소리 발생

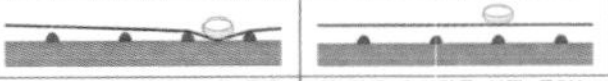

알게 된 점 하모닉스 주법은 현 위에 손가락을 살짝 올려만 놓고 소리를 발생시키는 방법이다.

과 제2 모든 현악기는 하모닉스 음이 발생하는가?

탐구 방법 연주 방식, 악기의 형태 등이 다른 다양한 현악기에 하모닉스 음을 발생시켜 본다.

탐구 결과

하모닉스 ○	하모닉스 ○	하모닉스 ○	하모닉스 ○
특정위치 ○	특정위치 ○	특정위치 ○	특정위치 ○

알게 된 점 하모닉스 음은 모든 현악기에서 발생하며 모두 특정 위치에서만 발생된다.

탐구 2 하모닉스 음의 발생 위치에 대한 탐구

과 제1 하모닉스 음의 발생 위치는 무엇에 영향을 받는가?

탐구 방법 현의 길이, 장력, 굵기, 재질만을 다르게 한 현악기를 제작하여 하모닉스 음을 발생시켜 위치를 비교하고, 규칙성을 찾아본다.

탐구 결과

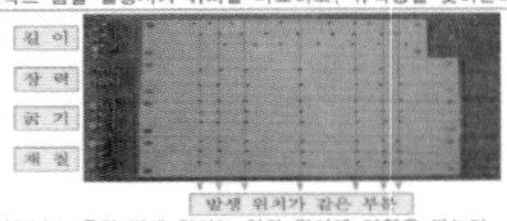

◉ 하모닉스 음의 발생 위치는 현의 길이에 영향을 받는다.

현의 길이	하모닉스 발생 지점								
짧은 현 (50 Cm)	10.0	12.0	16.7	20.0	25.0	30.0	33.3	37.5	40.0
기준 현 (65 Cm)	13.0	16.3	21.7	26.0	32.5	39.0	43.3	48.8	52.0
긴 현 (80 Cm)	16.0	20	26.7	32.0	40	48	53.3	60	64

↓ < 전체 현에 대한 비의 값으로 계산 >

현의 길이	비의 값으로 계산								
짧은 현 (50 Cm)	1/5	1/4	1/3	2/5	1/2	3/5	2/3	3/4	4/5
중간 현 (65 Cm)	1/5	1/4	1/3	2/5	1/2	3/5	2/3	3/4	4/5
긴 현 (80 Cm)	1/5	1/4	1/3	2/5	1/2	3/5	2/3	3/4	4/5

◉ 발생 위치를 전체 현에 대한 비의 값으로 계산하면 모두 같은 위치이다.

알게 된 점 하모닉스 음은 현을 정수비로 나누는 위치에서 발생한다.

과 제 2 발생 위치와 음의 높이와는 어떤 관계가 있는가?

탐구 방법 주파수 분석을 통해 발생 음을 측정하고, 발생 위치와 음의 관계를 탐구한다.

탐구 결과

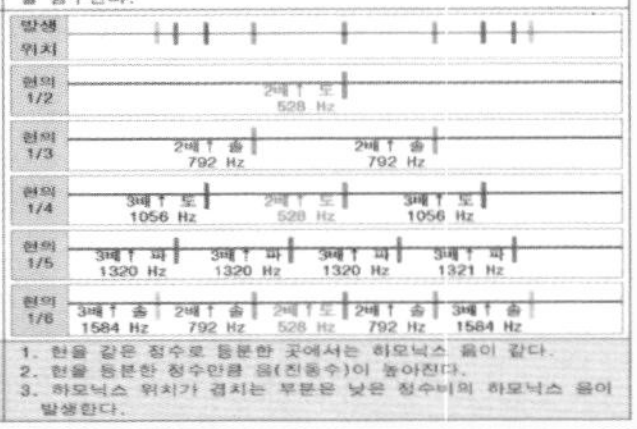

알게 된 점
1. 현을 같은 정수로 등분한 곳에서는 하모닉스 음이 같다.
2. 현을 등분한 정수만큼 음(진동수)이 높아진다.
3. 하모닉스 위치가 겹치는 부분은 낮은 정수비의 하모닉스 음이 발생한다.

탐구 3 하모닉스 음의 발생 원리 탐구

과 제1 하나의 현에서 발생되는 소리에는 여러 소리가 섞여 있을까?

탐구 방법 하모닉스 음을 발생시킨 후 하모닉스 음을 정수비로 나누는 위치를 다시 누른다.

탐구 결과

< 실험 하는 모습>

1/2위치 하모닉스를 발생	피킹 없이 1/4 위치를 누름

<실험 결과>

처음 누른 위치	나중 누른 위치	발생 여부	음의 높이 (기준음 '도')
1/2 (2/4) 위치	1/4 위치	○	1/2 하모닉스음(2배 '도') → 1/4 하모닉스음(3배 '도')
1/2 (2/4) 위치	1/6 위치	○	1/2 하모닉스음(2배 '도') → 1/6 하모닉스음(3배 '솔')
1/3 (2/6) 위치	1/6 위치	○	1/3 하모닉스음(2배 '솔') → 1/6 하모닉스음(3배 '솔')

◉ 하나의 음을 발생 시킨 후 진동의 배 부분을 누르면 소리가 소멸되어야 할 것이다. 하지만 소리가 발생한다는 것은 누른 부분이 마디가 되는 또 다른 소리가 섞여 있다는 것을 알 수 있다.

알게 된 점 하나의 현에서 발생되는 소리에는 여러 가지 소리가 섞여 있다.

과 제 2 하모닉스 주법은 여러 소리 중 원하는 소리만 남기는 것이다?

탐구 방법 마디와 마디, 마디와 배 등 2부분 이상을 누른 상태에서 현을 진동시키고 하모닉스 소리의 발생 유무와 발생 음을 확인한다.

탐구 결과

< 실험하는 모습>

두 부분 같이 누르고 실험	세 부분을 같이 누르고 실험

<실험 결과>

누른 지판의 위치 \ 하모닉스 여부			발생 여부	음의 높이
1/4 위치	2/4 위치		○	1/4 하모닉스 음
1/4 위치	2/4 위치	3/4 위치	○	1/4 하모닉스 음
1/2 위치	1/3 위치		○	1/6 하모닉스 음
1/3 위치	1/5 위치		X	측정 불가

◉ 마디와 마디를 누르면 하모닉스 음이 발생하지만, 마디와 배, 배와 배 등을 누르면 하모닉스 음이 발생하지 않는다.

알게 된 점 하모닉스 주법은 하나의 현에서 발생되는 여러 소리 중 마디 부분을 눌러 원하는 소리만 남겨서 음을 발생시키는 방법이다.

과 제 3 하모닉스는 왜 특정 부분에서만 잘 들릴까?

탐구 방법 소리 분석 프로그램을 통해 각각의 위치에서의 하모닉스 음의 진폭을 측정한다.

탐구 결과

하모닉스 발생에 따른 진폭의 변화	하모닉스와 진폭의 관계 그래프

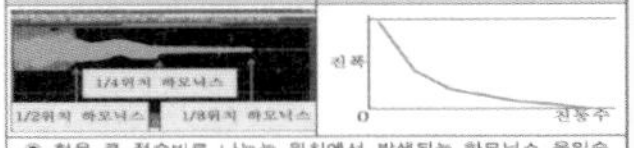

◉ 현을 큰 정수비로 나누는 위치에서 발생되는 하모닉스 음일수록 진폭이 작다. (진동수×진폭 = 일정)

알게 된 점 큰 정수비의 하모닉스는 작은 소리만을 남기기 때문에 우리 귀에 잘 들리지 않는다.

탐구 4 탐구의 창의적인 발전

과 제1 하모닉스 음이 발생되지 않는 부분에서 잘 나게 할 수는 없을까?

탐구 결과

다른 손가락을 이용하여 전체 현의 길이를 줄여서 정수비를 맞춰주면 어느 곳에서나 하모닉스 음을 발생시킬 수 있다.

알게 된 점 현의 길이를 조절하여 정수비로 맞춰 준다면 어느 곳에서도 하모닉스 음을 발생시킬 수 있다.

과 제2 하모닉스 음의 발생 원리를 쉽게 설명할 수 있는 시각화 자료

탐구 결과

1/2위치 하모닉스 발생 설명	1/4 위치 하모닉스 발생 설명

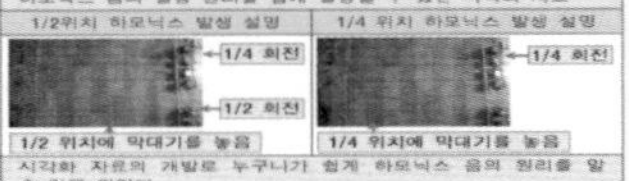

알게 된 점 시각화 자료의 개발로 누구나가 쉽게 하모닉스 음의 원리를 알 수 있게 되었다.

Ⅳ 탐구 결론

1. 모든 현악기는 하모닉스 음이 특정 위치에서 발생한다.
2. 하모닉스는 현을 정수비로 나누는 위치에서 발생하며 정수비에 따라 음이 높아진다.
3. 하모닉스 주법은 현에서 발생되는 여러 가지 진동수 중 원하는 진동수의 마디를 눌러 음을 발생시키는 방법이다.
4. 현을 큰 정수로 나누는 위치의 하모닉스 음일수록 작은 소리만을 남기기 때문에 우리 귀에 잘 들리지 않게 된다.
5. 하모닉스 음의 발생 원리를 이용하면 어느 부분에서도 하모닉스 음을 발생시킬 수 있다.

Ⅴ 활용성

1. 하모닉스 음의 과학적인 분석과 시각화 자료를 통해 연주자들이 쉽게 발생 원리를 이해할 수 있어 창의적인 연주 주법의 개발이 가능하다.
2. 본 탐구를 통해 하모닉스 음의 활용도가 낮은 국악현악기에서의 적극적인 활용이 기대된다.

하모닉스 음 관련 주요 내용

하모닉스 음의 높이

주파수 분석을 통한 음 높이 측정

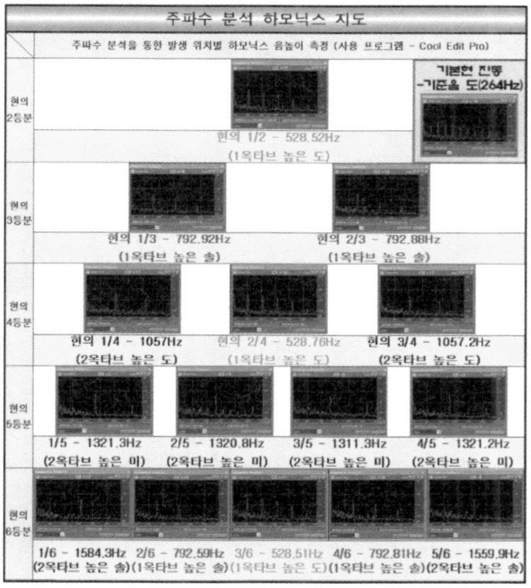

주파수 분석을 통한 음 높이 측정

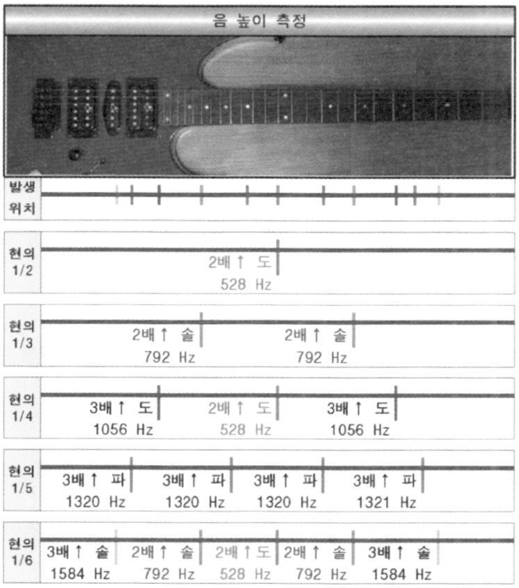

하모닉스의 발생 원리

'하모닉스 음은 무엇인가?' 실험

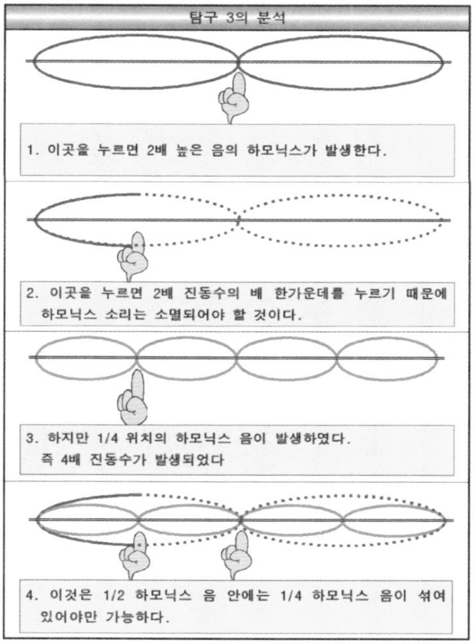

하모닉스 음의 발생 원리 탐구

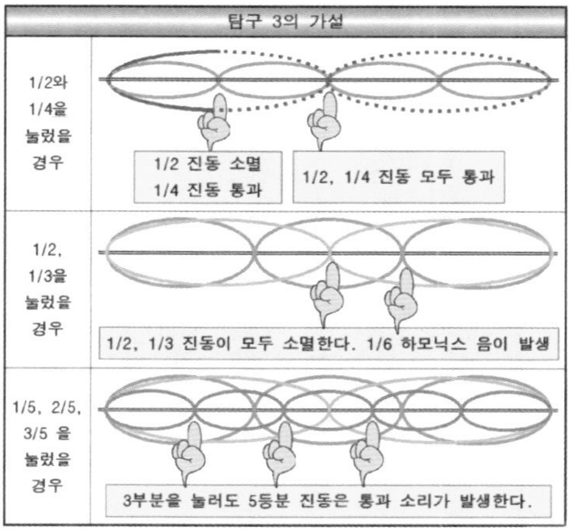

소리 스펙트럼 분석

하모닉스 음이 특정위치에서 발생하는 이유 분석

스펙트럼 효과를 이용한 한 음의 진동수별 분석

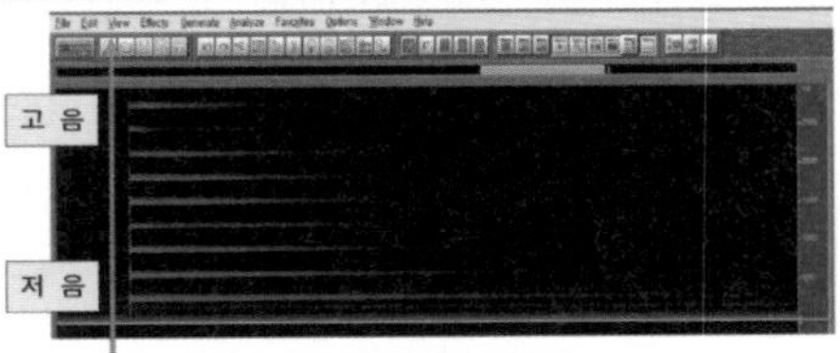

고음으로 갈수록 소리가 점점 약해짐(작아짐)

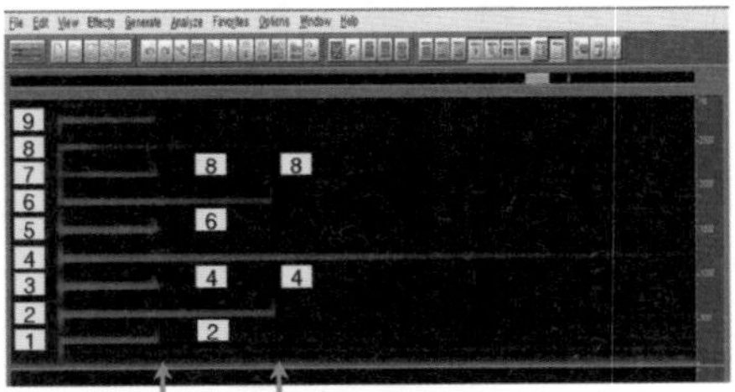

한 음에서 1/2 하모닉스를 발생시켰을 때

1/2 하모닉스 음에서 1/4 하모닉스음을 발생시켰을 때

탐구 3의 분석

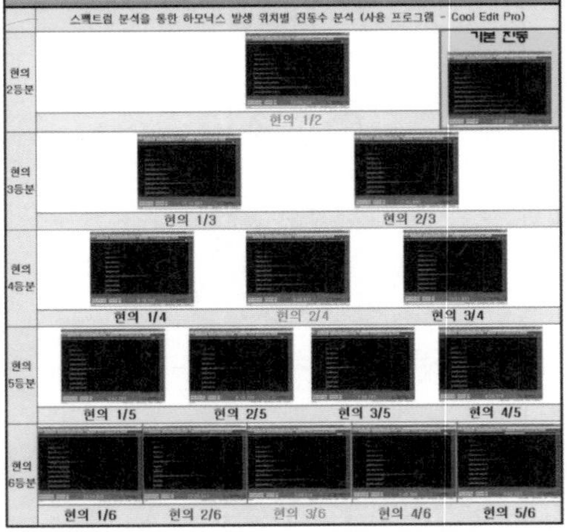

한 음 안의 하모닉스 음의 진동수와 진폭은 서로 반비례한다.
정수비가 높은 하모닉스 음은 소리가 작은 고음만 남기기 때문에 소리가 작아 잘 들리지 않게 된다.

창의적인 연주법

하모닉스 음을 모든 곳에서 발생시키는 연주기법

탐구를 통해 고안한 연주 기법 1

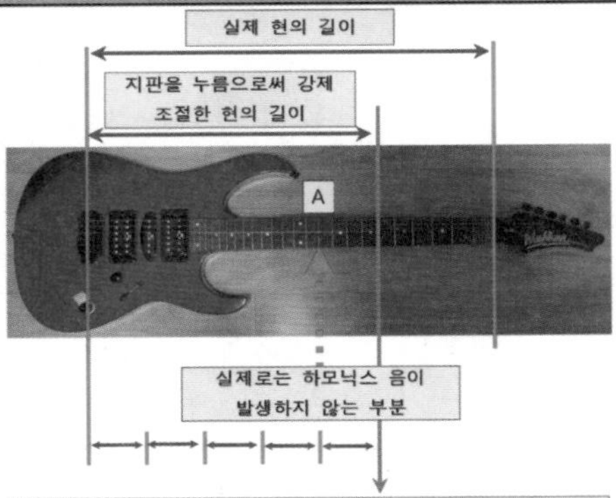

이곳을 눌러 현의 길이를 조절함으로써 실제로 하모닉스 음이 발생하지 않는 A 부분을 5등분하여 하모닉스 음을 발생시킬 수 있다.

다른 손가락을 이용하여 현의 길이를 강제로 조절하여 정수비를 맞춰 맑은 하모닉스 음을 발생시킬 수 있다.

탐구를 통해 고안한 연주 기법 2

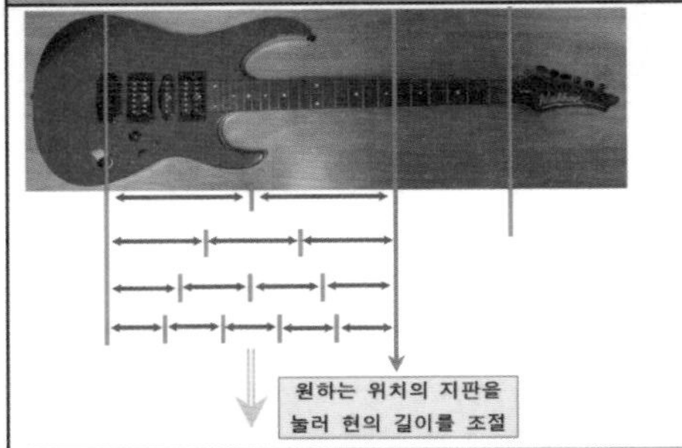

방법1 : 지판을 눌러서 현의 길이를 조절한 후 소리를 낸 후 조절된 현의 길이를 등분하는 곳을 눌러서 하모닉스 음을 발생시킬 수 있다.

방법2 : 지판을 눌러서 현의 길이를 조절한 후 하모닉스 음 발생을 원하는 등분이 되는 지점에 소리발생과 음소거를 동시에 하여 하모닉스 음을 발생시킬 수 있다.

하모닉스 음 발생 시각화 자료 및 활용 모습

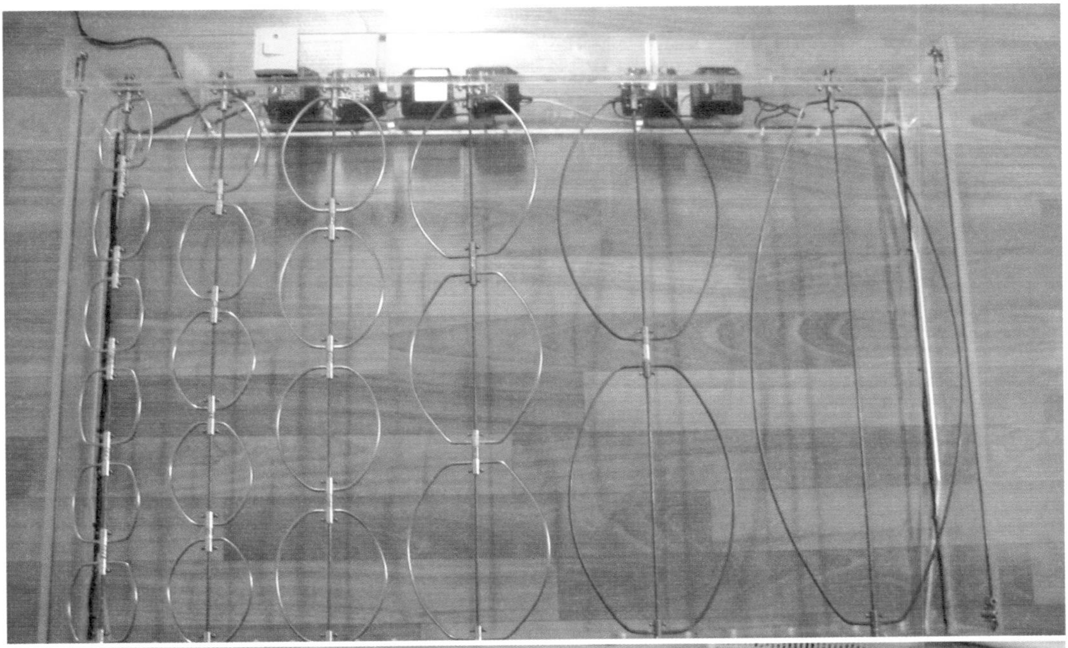

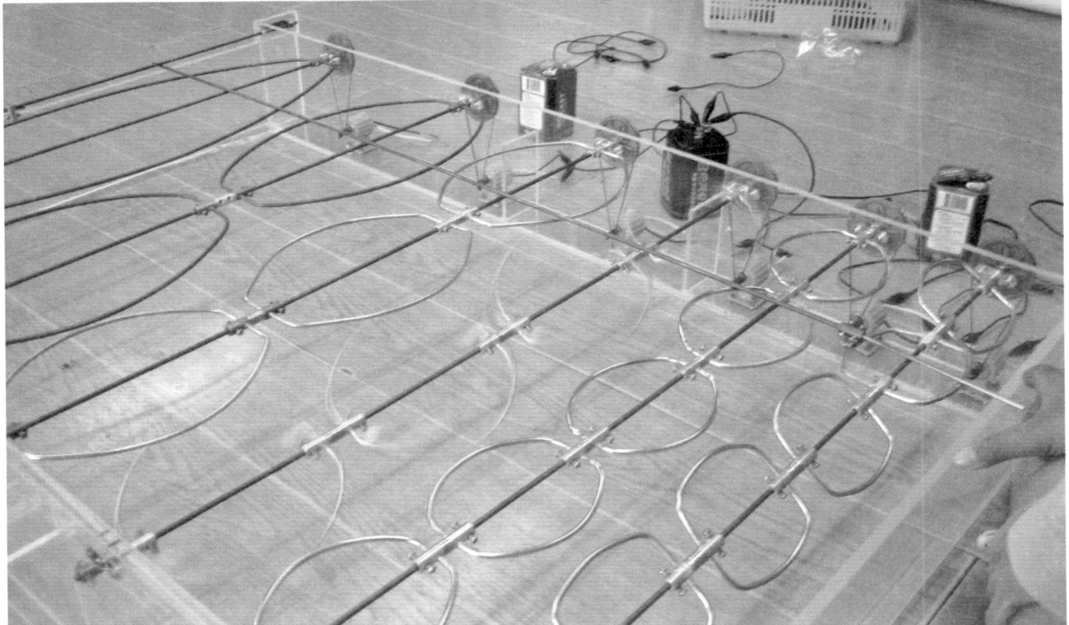

전시 모습

(학교에서 연습 시 전시 모습 및 대회장에서의 전시 모습)

〈학교에서의 연습 시 전시 모습〉

〈대회장에서의 전시 모습〉

☆ 수상소감 Q&A ☆

1. 대통령상이라는 소식을 들었을 때, 첫 기분은 어땠는지?

발표까지 끝나고 나면 일종의 좋은 예감을 느끼는 경우가 있습니다. 심사위원들의 반응이 너무나 좋았다는 이야기를 들었습니다. 그래서 내심 기대를 하고 있었습니다. 은근히 기다리고 있었는데 전화가 왔습니다. 너무나 좋았지요. 사실 2년 전에 다른 대회에서 국무총리상을 수상한 경험이 있었습니다. 그때 주변은 물론 나조차도 이건 그냥 운일지도 모른다는 생각이 강했습니다. 하지만 전국과학전람회에서 대통령상을 수상하면서 뭔가 내 스스로 완성이 되었다는 느낌을 가질 수 있게 되었습니다.

2. 왜 대통령상을 받을 수 있었다고 생각하는지?

하모닉스 음이라는 것은 사실 이번 연구에서 처음으로 발견한 것은 아닙니다. 하지만 우리는 탐구과정의 창의성과 적용 및 발전에 중심을 두었습니다. 예상이 적중했습니다. 처음 동기부터 탐구과정, 적용 및 발전까지 실제 기타와 자체 제작한 실험 장치를 사용해서 누구나 쉽게 이해할 수 있는 탐구 방법과 확연하게 보이고 들리는 실험결과로 설명했습니다. 또 전공 과정에서나 다룰 법한 내용을 초등학생도 쉽게 이해할 수 있도록 만든 시각화 자료로 설명한 부분은 작품의 백미였습니다. 시각화 자료는 그 자체가 발명품과 다를 바 없었습니다. 그때 당시 MBL(Microcomputer Based Laboratory) 장치를 활용한 실험이 한참 유행일 때였습니다. 그런데 우리는 과감하게 MBL 장치로 실험하는 과정을 버렸습니다. 학생의 입장에서 가장 기본적인 실험 설계를 하고 '단계적으로'(Step by Step) 하나씩 실마리를 풀어가는 식으로 탐구과정을 설계했습니다. 마지막으로 탐구결과를 확인하는 차원에서 MBL(Microcomputer Based Laboratory) 장치를 활용하였습니다. 이런 부분이 탐구의 내용을 자연스럽고 풍부하게 했다고 생각하며, 발표대회라는 측면에서도 적중했다고 생각합니다.

탐구의 적용 및 발전도 매우 중요했다고 생각합니다. 우리 탐구의 적용 및 발전은 2가지였습니다. 첫째는 하모닉스 음을 누구라도 쉽게 이해할 수 있는 시각화 장치의 개발, 둘째는 하모닉스 음이 발생되지 않는 부분에서 하모닉스 음을 발생시킬 수 있는 연주법의 개발이었습니다. 이것을 통해 '악기의 연주주법이 대부분은 학습과 연습, 그리고 우연에 의해서 만들어지는 경우가 많은데 과학적인 탐구의 눈으로 보면 좀 더 깊이 이해할 수 있게 되고 초보자인 탐구자조차도 새로운 연주법을 개발할 수 있게 되었습니다'라는 흐름으로 마무리한 점이 심사위원들을 감동시키지 않았나 생각됩니다.

3. 이 대회를 참여하는 학생 입장에서 좋은 점은?

과연 학교 수업에서 제대로 된 탐구과정을 경험해 볼 수 있는 학생들이 몇이나 될까요? 이러한 점에서 전국과학전람회를 경험해 본 학생들은 큰 혜택을 받은 학생이라 생각됩니다. 과학자들이 탐구하는 방법과 과정을 겪어 볼 수 있다는 점은 사물을 보는 태도와 실험을 하는 태도에 엄청난 영향을 끼친다고 생각합니다. 그전에는 수업시간에 하는 과학 실험도 무엇을 알기 위해서 하는지도 모른 채 따라 하기 식으로 하거나 자연 현상에 대해 관찰할 때도 무엇을 보아야 하는지, 아무리 작은 자연 현상도 얼마나 대단한 것이지 모른 채 보는 경우가 대부분이라면 전국과학전람회를 제대로 경험한 학생들은 실험에 대하여 목적에서 설계까지 그리고 결과의 해석과 적용까지 생각할 수 있는 눈을 가지게 됩니다. 또 식물의 잎 하나를 보더라도 단순히 시험에 나오는 것을 보는 것이 아니라 아주 흔하고 무심히 지나쳤던 부분에서도 '왜 이런 모양을 가지게 되었을까?'라는 호기심을 가지게 될 것입니다. 전국과학전람회를 경험하기 전과 경험한 후, 그 학생의 탐구 능력과 사물을 보는 자세의 차이는 하늘과 땅 차이인 것입니다.

전국과학전람회와 전국학생과학발명품경진대회는 발표대회입니다. 자신의 작품을 발표하고 질의응답을 하게 됩니다. 우리는 살아가면서 자신의 의견, 자신의 성과물, 혹은 자기 자신에 대하여 설명을 해야 하는 경우가 많습니다. 하지만 학교에서 이에 대해 체계적으로 교육받고 훈련받을 수 있는 기회를 만나기는 쉽지 않습니다. 전국과학전람회나 전국학생과학발명품경진대회를 준비하기 위해 발표 시나리오를 작성하고 연습하고 수정하기를 반복해가며 예상 질문도 생각해보고 예상 답변도 작성해보게 됩니다. 이런 과정은 과학뿐만 아니라 학교 그리고 나아가서 인생 전체에 걸쳐서 계속해서 활용할 수 있는 매우 중요한 경험이라고 생각합니다.

4. 좋은 결과를 받기 위해서는 어떻게 해야 할까?

가장 중요한 것은 노하우와 많은 경험입니다. 그러면 처음 하는 사람들은 어떻게 이런 경험을 쌓을 수 있을까요? 제일 좋은 방법으로는 대회가 끝난 후 전시기간에 국립중앙과학관에 가서 보시는 것을 추천합니다. 저는 처음 과학대회를 시작했을 때부터 5년 전 재외국민학교로 가기 전까지 10년 동안 한해도 빠지지 않고 국립중앙과학관에 가서 전국과학전람회와 전국학생과학발명품경진대회의 수상 작품을 하나씩 주의 깊게 살펴보았습니다. 작품들의 특이점과 장점을 비교해보면서 살펴보면 본인의 노하우 형성에 매우 큰 도움이 될 것입니다.

다음으로 노하우를 형성할 수 있는 방법은 우수 수상작들의 설명서를 연구하는 것입니다. 단순히 읽어보는 수준을 벗어나서 연구해보면 좋을 것 같습니다. 특히 본인이 주제를 정했고, 대회를 준비한다면 그와 유사한 주제, 본인의 주제에 적합한 탐구과정을 가지고 있는 작품 설명서를 여러 작품 찾아서 읽어보고 좋은 점을 취사선택한다면 매우 도움이 될 것입니다.

가장 중요한 일은 크게 보는 것입니다. 즉, 탐구의 설계를 중심으로 고민하는 것이 중요합니다. 어떻게 탐구의 흐름을 정할 것인지 그리고 적용 및 발전에서는 무엇을 할 것인가가 중요한 것 같습니다. 하지만 대부분의 선생님들은 처음부터 실험 장비, 실험 방법 등의 부분에 많은 고민을 하시는 경향이 있습니다. 이런 부분들은 매우 지엽적인 것이고 탐구의 흐름이 바뀌어 버리면 모두 다시 시작해야 하는 신기루 같은 것입니다. 또 본인이 창의적인 탐구의 설계를 했다면 실험 방법과 관련해서는 주변에 도움을 구할 사람들이 의외로 많을 수 있습니다.

전국과학전람회는 최종적으로는 발표를 해야 하는 대회입니다. 발표는 세부적인 부분을 발표하는 것이 아니라 전체적인 탐구의 과정을 발표해야 합니다. 즉, 처음에 탐구의 설계를 잘하는 것이 마무리인 대회의 발표까지 영향을 미치게 되니까 탐구의 설계에 대해 제일 고민하고 신경 쓰는 것이 좋습니다.

5. 흥미진진한 에피소드, 주제를 발견하게 된 숨은 이야기 등

좋은 수상을 하기 위해서는 좋은 주제와 함께 대회의 주체인 학생이 매우 중요합니다. "기타의 하모닉스 음은 왜 특정 위치에서만 발생할까?"라는 작품은 주제나 탐구의 설계도 괜찮았지만 학생이 정말 대단했습니다.

양희문 학생은 지적인 능력도 매우 뛰어났지만 성실성과 리더십에서 어른들조차도 찾아보기 힘든 정도로 매우 훌륭했습니다. 대회를 준비하면서도 모든 과정을 열심히 따라줘서 오히려 내가 그 학생을 위해서 더 할 수 있는 부분이 무엇인지 고민하게 만드는 학생이었고요.

대회 당일, 저는 엄청나게 긴장하고 있었습니다. 그런데 대회장에 들어가면서 양희문 학생이 "선생님은 저만 믿고 아무 걱정하지 말고 기다리고 계세요"라고 말하고 들어가는 것이 아닙니까. 내 지도 학생이지만 '마치 뒷모습이 나라를 구하기 위해 전장으로 뛰쳐나가는 장수'처럼 얼마나 믿음직스럽게 보이던지, 확실히 스승보다도 백 배, 천 배 더 훌륭한 학생임이 분명했습니다. 양희문 학생을 만난 것은 나에게는 정말 크나큰 행운이었습니다.

6. 그 밖에 하고 싶은 이야기

전국과학전람회와 전국학생과학발명품경진대회의 장점은 이 대회를 통해서 과학을 좋아하는 사람들을 많이 알 수 있다는 것입니다. 그들에게서 더 많은 노하우를 얻을 수 있고 과학 이외의 부분에서도 많은 도움을 받을 수 있습니다. 고민하지 말고 꼭 해보시기를 그리고 준비 기간을 길게 잡으시길 권합니다.

2. 제54회 전국과학전람회 학생부문 동물분야 대통령상 - 학생 최지우·조성민/지도교사 김만용

"거미는 거미줄의 아침이슬을 왜 제거할까?"

● 핵심 총평 ●

거미줄에 맺힌 이슬은 거미가 직접 제거한다고? 놀랍지 않은가요? 거미는 생존을 위해 거미줄을 직접 관리하는 행동을 합니다. 세계 최초로 이런 모습을 관찰하여 과학적으로 이유를 밝힌 첫 연구라고 할 수 있습니다. 과학은 관찰에서 시작한다고 각종 지침서에서 말하고 있지만, 진짜 관찰에서 시작한다는 것이 무엇인지 단적으로 보여주는 연구라고 할 수 있습니다. 이 작품은 다른 작품과의 경쟁이 필요 없을 정도로 새로운 발견에 대한 높은 독창성을 인정받았습니다. 이 작품을 계기로 김만용 선생님은 거미 연구 학자로 발돋움하기도 했습니다. 추가적인 연구를 통해 국제적인 학술지에 논문을 게재하기도 했으니까 말이죠.

학교 화단 옆에서 아주 작은 거미 한 마리가 거미그물에 생긴 아침이슬을 열심히 던지는 것을 보게 되었습니다. 거미가 무엇을 하는 것인지 한참을 바라보게 되었고 신기한 현상에 대해 물어 보게 되었습니다. 사람들은 아침이슬이 자연 증발되는 것이지 어떻게 거미가 제거하냐며 전혀 믿질 않았습니다.

결국 우리나라 거미박사 1호이신 김주필 박사님을 찾아뵙고 이

것을 학생들과 함께 탐구하려고 한다며 혹시 보신 적이 있는지 여쭤보았더니 처음 듣는 이야기라고 하시면서 끝까지 연구해보라고 격려를 해주셨습니다.

우리는 카메라와 캠코더를 목에 메고 잠을 설치면서 3개월을 넘게 거미를 찾아 나섰지만 늘 실패만을 안고 돌아와야만 했습니다.

그러던 어느 날 하늘은 우리에게 기쁨의 가능성을 주었습니다. 학교 화단에서 지도하는 학생이 거미가 아침이슬을 제거하는 장면을 찾아 놓고 나를 부르러 와 가봤더니 정말 제거하고 있었습니다.

학생이 들고 다니는 카메라로 동영상을 촬영하기 시작하였습니다. 이 모습을 보기 위해 등교하던 학생들이 주변에 몰려들었고, 교무실에서 교무회의가 있다고 큰 소리로 나를 부른 순간 소음으로 인해 거미는 제거하는 동작을 멈춰 버렸습니다. 딱 10초를 찍었습니다. 사실 이 10초가 부모님을 포함하여 우리들의 고행이 얼마나 이어질지 그때는 정말 몰랐습니다.

그 후 이른 아침이면 부모님들과 학생들은 촬영하기 위해 등교하기 전 들과 산으로 찾아 다녔고, 촬영해 온 동영상을 분석하고 과학적으로 증명하기 위해 실험 도구들을 만들어 탐구하기 위해서 잠을 줄여가며 100일 정도를 버틴 것 같습니다.

그렇게 우리들은 의문점을 하나씩 풀어가며 앞으로 나아갔습니다. 그 결과, 거미그물은 2개의 판구조로 되어 있고 아침이슬이 거미그물의 구조적 변화를 생기게 한다는 사실을 알게 되었습니다. 이로 인해 먹이 감지 능력이 떨어지고 점액성 방울이 이슬과 함께 흐르거나 점성이 75% 약해져 먹이 포획 능력도 떨어지게 된다는 사실도 알게 되었습니다. 또 알집을 보호하기 위한 목적도 있다는 사실까지 알게 되었습니다. 결국 왕거미과의 99%가 새총을 쏘듯이 아침이슬을 제거하는 이유는 생존의 목적으로 거미그물을 보호하기 위해서라는 사실을 밝히게 되었습니다.

전체적으로 거미의 아침이슬 제거 행동 특성, 거미의 아침이슬 제거 이유, 거미그물의 2판구조의 특성, 가로줄의 점액성 방울 특성 등을 우리나라 최초로 밝히는 성과를 거두었습니다. 작품 제작에 도움을 주신 거미 박사님께, 그리고 굴렁쇠에 낚싯줄을 강력본드로 일일이 부착하여 실험 기구를 만들고 동영상을 촬영하기 위해 도움을 주신 학부모님들께도 진심으로 감사함을 전하고 싶습니다.

☆ 수상소감 Q&A ☆

1. 대통령상이라는 소식을 들었을 때 첫 기분은 어땠는지?

교직에 들어서면서부터 과학 관련 대회를 매년 하나씩 지도하면서 전국 대회까지 올라가면 다른 대회를 또 지도하였습니다. 그러다가 한 15년 정도의 세월이 흘렀고, 전국과학전람회에서는 도 대회에서 3번이나 도전했지만 실패하고 말았습니다. 내 머리카락이 모두 백발이 되기 전에 남아 있던 교직 생활의 마지막 꿈이 하나 있었습니다. 그것은 다름 아닌 전국과학전람회의 대통령상이었고, 제자들에게 이런 나의 꿈을 자주 말하고 있음을 알게 되었습니다. 대회가 끝나고 무슨 서류들을 보내달라고 할 때까지도 전혀 몰랐습니다. 처음이라 그냥 내는 서류인 줄로만 알았습니다. 서류를 내고 시간이 흐른 뒤에서야 수상 소식을 알게 되었고, 교직 생활의 마지막 남은 꿈을 이루었습니다. 제자들에게 말보다 행동으로 보여주었다는 뿌듯함과 전국대회까지 준비하면서 겪은 힘든 여정을 생각하며 눈물만 흘렸을 뿐이었습니다.

기쁨도 잠시 교육과학기술부에 올라가 발표를 하고, 30분이 지난 후부터 한겨레신문과 MBC 등 각종 언론기관의 인터뷰 요청을 받았습니다. 작품을 지도하면서 계절의 변화도 못 느낄 정도로 정신없이 살았는데, 대통령상을 수상한 후엔 인터뷰와 촬영, 사례 발표, 강의 활동, 집필 활동 등으로 시간이 어떻게 지나갔는지도 모르고 다음 해를 맞이하게 되었습니다.

이를 계기로 교사는 무릇 가르침에 목표를 두고 살아야 한다는 교육관이 흔들릴까 봐 지금도 핸드폰과 거리를 두고 살고 있습니다. 그래도 난 행복한 교사입니다, 교직 생활에 목표를 했던 모든 꿈들을 이루었기에…!

대통령상

거미는 거미줄의 아침이슬을 왜 제거할까?

동물

충남 서산부춘중학교 제1학년 조성민, 최지우
지도교사 김만용

Ⅰ 탐구 동기 및 목적

탐구 동기	아침 이슬
과학반 활동을 할 때 선생님께서 거미그물에 대해 여러 가지 설명을 해주셨다. 기생왕거미(*Nuctenea cornuta*)를 관찰하던 중 거미줄에 맺힌 이슬을 제거하는 모습을 우연히 볼 수 있었다. 거미는 아침이슬을 왜 제거할까? 매우 궁금하여 선생님께 여쭤보았더니 신비로운 현상이라며 그 이유를 밝혀보자고 말씀하셨다.	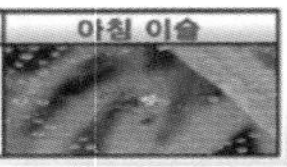

Ⅱ 탐구 과제 선정

- 과제-1 거미는 거미줄을 왜 칠까?
- 과제-2 거미그물의 아침이슬은 어떤 특성이 있을까?
- 과제-3 기생왕거미는 아침이슬을 어떻게 제거할까?
- 과제-4 기생왕거미는 아침이슬을 왜 제거할까?
- 과제-5 다른 거미들도 아침이슬을 제거할까?

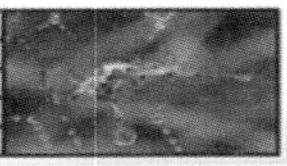

Ⅲ 탐구 내용 및 결과

탐구1 거미는 거미줄을 왜 칠까?

탐구결과

가. 거미그물의 명칭

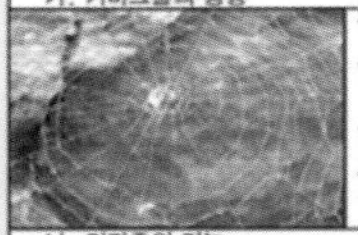

- 기초줄
  둥근 그물의 기초가 되는 가장 바깥에 있는 줄
- 발판줄
  둥근 그물 중심에서 밖으로 시계방향으로 세로줄을 돌면서 나가는 줄
- 세로줄
  둥근 그물의 중심에서 기초줄로 나가는 곧은 줄
- 가로줄
  발판줄을 끊으면서 그물의 안쪽으로 반시계방향과 시계방향으로 세로줄을 돌면서 들어오는 줄

나. 거미줄의 기능

주거지	먹이 포획	위장 전술	위험 느낄 때	알주머니

탐구2 거미그물의 아침이슬은 어떤 특성이 있을까?

탐구결과

가. 거미그물에 맺힌 아침이슬의 모양

이슬	크기 측정	가로줄	세로줄	기초실

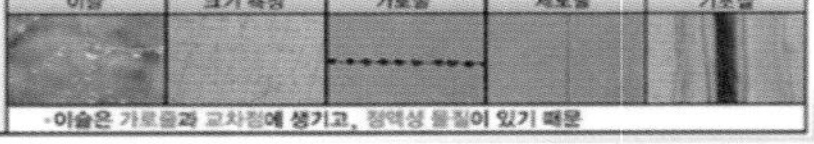

- 이슬은 가로줄과 교차점에 생기고, 점액성 물질이 있기 때문

탐구3 기생왕거미는 아침이슬을 어떻게 제거할까?

제거방법

가. 이슬 한 방울을 발가락의 귀털에 흡착하여 제거
나. 거미줄을 잡아당겨 입으로 흡입한 후 발가락으로 뿌려서 제거
다. 세로줄을 따라 다니며, 발가락의 귀털로 흡착한 후 사물에 묻힘

제거모습

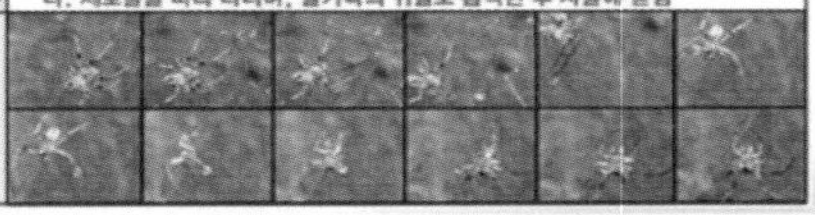

탐구4 기생왕거미는 아침이슬을 왜 제거할까?

탐구결과

가. 이슬에 의한 거미그물의 구조적 변화

거미그물의 특이성	세로줄의 처짐	가로줄이 붙음

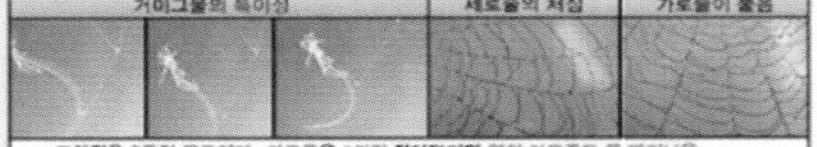

- 교차점은 2중적 구조이며, 가로줄을 1가닥 잡아당기면 옆의 가로줄도 쭉 빠져나옴
- 이런 구조는 무게중심(힘의 평형)을 흩어뜨리고, 바람이 불면 거미그물을 훼손시키는 요인이 되며, 가로줄이 2~4가닥씩 붙어 먹이 통과율이 21% 증가함

탐구결과

나. 먹이 감지 능력에 미치는 이슬의 영향

진동수 변화 실험 장치 제작			이슬 생성 전	이슬 생성 후
원리 찾기	제작	완성		
			· 상하좌우 모두 전달 · 바퀴통으로부터 멀어질수록 약해짐	· 상하좌우 19cm 범 안에는 모두 전달 · 하는 19~22cm 전달되지 않음

다. 먹이 포획 능력에 미치는 이슬의 영향

이슬이 없을 때	이슬이 있을 때	실험 결과
		접착력 75% 감소

먹이 접착력 감소 원인

이슬에 의한 거미줄 변화			물의 종류에 따른 가로줄 변화				
기초실	가로줄	세로줄	증류수	빗물	수돗물	생수	약수물
×	○	×	○	○	○	○	○

점액성 방울의 특이성

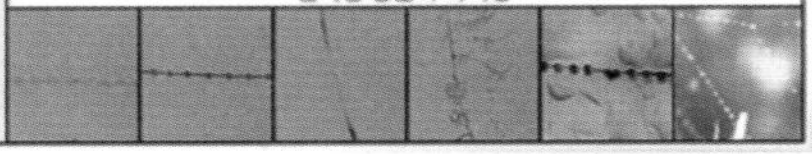

탐구5 다른 거미들도 아침이슬을 제거할까?

탐구결과

가. 이슬 제거 횟수 조사

거미	횟수	거미	횟수	거미	횟수
○섬먼지거미	13	○집왕거미	8	○긴호랑거미	10
○복먼지거미	12	○적갈어리왕거미	19	○연두어리왕거미	2
○여섯혹먼지거미	38	○각시어리왕거미	7	○산왕거미	15
○여덟혹먼지거미	23	○턱거미	9	○미기록	18
○기생왕거미	18	○무당거미	2	○기타	42

나. 과(科)에 의한 분류

거미	먼지거미	왕거미	긴호랑거미	미기록	무당거미
제거 횟수	86	78	10	18	2
분류	왕거미과 (99%)				무당거미과

다. 여덟혹먼지거미의 제거 방법

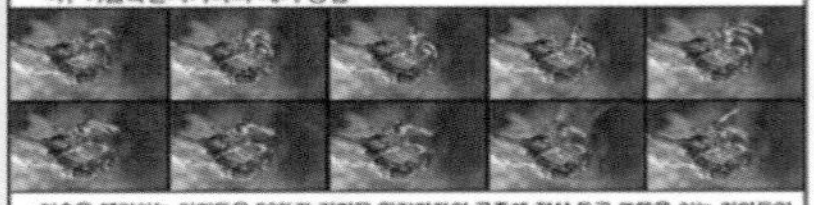

- 이슬을 제거하는 거미들은 99%가 거미목 왕거미과의 공중에 정상 둥근 그물을 치는 거미들임
- 바퀴통, 먹이, 알주머니에 맺힌 이슬은 입으로 빨아들인 다음 발가락의 귀털에 흡착시킨 후 포크레인으로 흙을 푸러듯 제거함
- 거미줄에 맺힌 이슬은 물의 표면장력을 이용하여 키워 제거하는 등 다양한 행동 특성으로 제거함

Ⅳ 결론 및 전망

거미그물을 보호하기 위해서 아침이슬을 제거한다.

1. 가로줄의 겹침으로 인한 먹이 부착 공간의 감소, 힘의 평형 (무게중심)의 변화나 훼손으로 둥근 그물의 구조적 변형 때문
2. 진동수가 감소하여 거미의 먹이 감지 능력이 떨어지기 때문
3. 가로줄의 점액성 물질의 농도가 낮아지거나, 이슬과 함께 땅으로 떨어져 먹이의 접착력이 현저히 감소하기 때문

전망. 본 탐구는 거미 행동학에 새로운 장을 마련하였고, 가로줄에 있는 점액성 방울의 특이성 발견은 천연 본드, 천연 페인트 등에 활용이 기대됨

2. 왜 대통령상을 받을 수 있었다고 생각하는지?

저는 학생들에게 꿈은 크게 두드리지 않으면 대답하지 않는다고 가르칩니다. 그리고 대통령상은 나의 마지막 교직 생활의 꿈이었고, 그 꿈을 이루기 위해 1분 1초도 작품을 가슴 속에서 내려놓은 적이 없었습니다.

어쩌면 학생들을 가르칠 때는 조금 '미치는' 경향이 있습니다. 특히 의문점이 풀리지 않을 경우 새벽이 올 때까지 질문에 질문을 이어 과학적으로 증명하고 새로운 탐구 방법을 설계하기 위해 최선의 노력을 다했던 것 같습니다. 아마 특상 이상을 지도하는 선생님들은 모두 그럴 것 같습니다.

저는 '우리나라 최초'란 것을 좋아하는 편입니다. 가끔씩은 궤도를 벗어날 때도 있겠지만 새로운 발견이 네 가지 이상이면 대통령상을, 세 가지는 국무총리상을, 두 가지는 최우수상을, 한 가지 정도 있다면 특상을 수상하지 않을까 싶습니다. 그래서 지도하는 작품에 처음으로 연구한 내용이 네 가지 이상이 되도록 노력하였습니다. 행운도 많이 따랐겠지만 결국 대통령상을 수상하게 되었습니다. 대통령상의 비법이란 없는 것 같습니다. 사실 꿈이긴 하였지만, 현실에서 모든 꿈을 이룰 수 있는 사람이 몇 명이나 되겠습니까? 다만 학생과 함께 '더 알아보고 싶은 점'이 없도록 미치도록 노력했습니다. 거미 박사님께 자문도 자주 구했고요.

박사님이 이런 말씀을 하신 적이 있습니다.

"거미를 연구할 때 선생님과 학생이 보통 한두 번 정도 찾아온다. 김 선생은 참 특이하다. 10년 전에 만났다면 더 좋았을 것 같다…!"

3. 이 대회를 참여하는 학생(또는 학부모, 교사) 입장에서 좋은 점은?

전국과학전람회뿐만 아니라 모든 대회는 학생들의 삶에 참으로 많은 것들을 심어주는 기회가 된다고 생각합니다. 저는 '너! 해봤니?' 하고 질문을 많이 하는 교사입니다. 무엇인가를 해본다는 것은 학생에게 자신감을 심어주기 때문입니다. 반복된 해봄으로 인해 익숙함이 생기고 그 익숙함은 자신감을 낳고 그 자신감은 좋아함으로 바뀔 수 있기 때문입니다.

저는 과학으로 꿈을 키우는 학생이라면 '하나만이라도' 끝까지 관찰하고 기록하는 습관이 있어야 한다고 가르칩니다.

학창 시절에 하나의 주제를 정해 놓고 선생님의 지도를 받으면서 이룸을 경험하는 학생은 몇몇 소수에 불과할 것입니다. 이런 경험은 학생의 삶 전체를 통해서 처음이자 끝이 될 수도 있겠지만, 어떤 학생에게는 평생 즐거워할 일이 될 수도 있습니다. 성인이 되어서도 즐겁게 일할 수 있다면 얼마나 행복하겠습니까? 이런 과정들을 볼 때 전국과학전람회는 과학적 탐구 방법을 통하여 작은 과학자를 만드는 대회가 아닌가 싶습니다.

더불어 어릴 적의 이 경험은 나중에 큰 아이디어를 열어주는 모태가 될 수도 있습니다. 연구를 한다는 것은 참으로 어려운 일일 수도 있겠지만, 참된 과학자 한 명은 어쩌면 수없이 많은 인류에 큰 영향을 미치는 사람이 될 수도 있을 것입니다. 이 얼마나 아름다운 삶의 영향력이며, 이 얼마나 큰 스승의 길일까요!

선생님, 학교에서 선생님의 꿈은 있으신가요? 아무리 사회가 변하고 교육환경이 선생님들을 힘들게 한다고 하여도 오늘 선생님의 꿈 하나를 심어보세요. 그래서 당당하게 도전해보세요. 선생님의 학교에서 단 한 명의 학생에게라도 선생님을 존경할 수 있도록 노력해보세요. 우리는 자랑스러운 대한민국의 선생님이니까요. 선생님이 만나는 학생 중에 단 한 명이라도 언젠가 그 언젠가는 선생님을 기억하면서 아름다운 추억을 떠올리게 될 것입니다. 바로 전국과학전람회가 선생님의 전문성을 지금보다 훨씬 더 키워 줄 것이라 확신합니다. 아마도 과학을 어떻게 가르쳐야 하는지를 몸소 체험할 수 있을 것입니다.

4. 좋은 결과를 얻기 위해서는?(나만의 특별한 노하우)

전국과학전람회의 주제를 선정하고 나면 작품과 관련 내용들을 연구 논문이나 전국과학전람회에 출품된 작품들에 대해 사전 조사를 통하여 섬세하게 분석하여야 합니다. 그런 후 예비 실험을 해보아야 합니다. 하나하나씩 의문점을 찾아보는 것이 바람직합니다. 그 의문점마다 예비 실험을 하고, 큰 탐구과제와 세부 탐구과제를 선정하여 한 페이지에 낙서를 하듯이 흐름도를 작성합니다. 이 흐름도를 크게 인쇄해서 벽에 붙여놓고 늘 생각하고 대화를 나누어야 합니다.

특히 생물 분야는 어렵습니다. 동물 분야는 더욱 더 어렵습니다. 한살이를 알 수 없을 경우에는 네이버나 구글로 이미지 자료를 찾아 대략적으로 한살이 과정을 쭉 나열한 후, 연구해야 될 부분의 시기가 되는 순간에는 앞뒤 약 2주일은 줄기차게 가서 확인하고 또 확인하여야 합니다. 왜냐하면 온도나 습도, 지역 등 자연환경에 따라 생태 주기가 약간씩 다를 수 있기 때문입니다.

세부 탐구과제를 탐구할 때 가장 어려운 것은 실험을 설계하는 일이 아닌가 싶습니다. 어느 때는 지도교사나 학생이 전혀 생각해내지 못할 수도 있습니다.

"거미는 거미줄의 아침이슬을 왜 제거할까?"란 작품을 보면 탐구 방법이 그리 어렵지 않음을 알 수 있을 것입니다.

저는 학생 작품을 고가의 장비로 연구하는 것을 별로 좋아하지 않습니다. 과학실에 있는 것을 사용하거나 우리 주변에서 쉽게 구할 수 있는 것을 과학적으로 타당하게 직접 제작하여 탐구하도록 지도하는 편입니다.

거미 작품을 제작할 때 아침이슬의 크기를 측정하기 위하여 사진틀처럼 사각틀을 만들어 스프레이로 물을 뿌린 후 얼려서 측정하려고 냉장고에 넣어보기도 하고, 아침이슬이 생겼을 때 현장에서 직접 측정하려고도 하였는데 바람이 조금만 불어도 흡착되어 버려서 계속 실패를 하였습니다.

그런데 거미그물 탁본을 제작하기 위해서 눈금종이를 부착한 작은 틀을 가지고 학생이 아침이슬을 떠서 가지고 왔습니다. 어떻게 했는지를 물어보았더니 행동으로 보여주었습니다. 표면장력을 이용한 것입니다. 즉 눈금종이가 부착된 작은 틀을 가까이 가지고 가면 거미줄이 미세하니까 아침이슬이 이동해 옴을 알게 되었고 학생의 방법을 그대로 활용하였습니다.

또 먹이 감지 능력을 어떻게 하여 증명할까 생각하고 또 생각하고 있는데 과학 동아리 학생들에게 종이컵 전화기 원리를 알려주고 해보라고 했더니 2명, 4명, 6명, 8명 등 여러 명이 실을 서로 교차하여 탐구하는 것을 보고 활용하게 되었고, 접착 능력 실험은 주변에 민들레 열매가 있어 '후우~!' 하고 불어 보았더니 가능함을 찾게 되어 빨대를 작게 잘라서 과학적 정확성을 더 높였습니다. 상당히 많은 부분에서 우연을 필연으로 만들어 제작하게 되었지요.

대통령상을 수상한 후, 많은 선생님들이 저에게 이 이야기를 하였습니다.
"선생님 작품은 딱 중학교 1학년 수준에 맞추었네요!"

전국과학전람회를 준비하는 학생과 선생님들께 이 말을 전하고 싶습니다.
"막막하다고 생각을 했을 때 도깨비 방망이는 어디에 있을까요? 과학적 탐구 방법은 항상 주변에 있답니다. 다만 어떤 물질이나 물체를 고정된 사고로 바라보지 않으시면 된답니다."

5. 흥미진진한 에피소드, 주제를 발견하게 된 숨은 이야기 등

교육과학기술부에 가서 기자단 앞에서 작품을 설명하고 여러 가지 질문을 받았습니다. 특히 어떤 기자 분이 한 말이 생각납니다.

"진짜로 거미가 아침이슬을 제거하는가에 대해 증명해주세요."

그래서 준비해간 노트북 속에 197편의 동영상이 있는데 그 모든 것을 보시려면 며칠이 꼬박 걸린다고 하면서 다양한 방법으로 제거하는 모습이 담긴 편집 영상을 보여주었습니다. 그랬더니 "어떻게 촬영하였나요?"라고 물었습니다. "디지털 카메라로 찍었습니다"라고 답하였더니 "디지털 카메라의 승리구만" 하고 혼잣말을 하였습니다.

지금도 이 기자의 혼잣말이 떠오릅니다. 그러나 난 지금도 우리의 승리라고 생각합니다.

6. 대통령상 수상 후 학생 또는 교사의 진로 변화

과학사랑 동아리 「깨움과새롬」팀의 한 명인 조성민 학생은 어릴 적부터 동물 키우기를 좋아했습니다. 파충류를 공부하기 위하여 유학을 한 후, 아프리카와 아마존강 등에서 서식하는 파충류와 포유류, 조류, 어류 등 200종 1000여 마리를 체험할 수 있는 세계희귀동물전시관인 「제이렙타일」을 고향인 서산에 개관하여 아이들에게 호기심과 창의력을 키워주고 있습니다. 발표를 잘했던 최지우 학생은 무엇을 하고 있을까! 대학원에 다니고 있거나 사회 초년생이 되었을지도 모르겠습니다. 두 명 모두 올곧게 성장하여 즐거운 일을 찾아 이 사회에 기여하면서 행복하게 생활했으면 좋겠습니다.

저는 아침이슬을 제거하는 작품을 우연히 보게 되었다며 서울대로부터 공동 연구를 제안받았습니다. 그렇게 발표한 내용은 아래와 같습니다.

거미 행동학적 특성을 모사한 거미줄 로봇 개발

– 서울대와 공동 연구로 국제학술지 '사이언스 로보틱스[6]'지에 출간 –

국내에서 보호할 거미의 생태와 행동학을 연구하고 있는 김만용 교사는 "거미는 거미줄의 아침이슬을 왜 제거할까?"라는 작품으로 제54회 전국과학전람회에 『깨움과새롬』 팀을 지도하여 대통령상을 수상하게 된 계기가 기회가 되어 서울대학교 선정윤, 김호영 교수 연구팀과의 공동 연구로 "거미줄 로봇(논문명: Ionic spiderwebs)"을 개발하여 로봇공학 분야의 국제학술지 중 최고의 학술지로 인정받고 있는 "사이언스 로보틱스

6 세계적인 학술지. 학생, 교사가 시작한 연구가 세계적인 논문으로 연결될 수도 있다는 사실은 정말로 흔치 않은 놀라운 일이다.

(Science Robotics)"지에 발표, 출간되었다.

산왕거미, 집왕거미 등의 정주성 거미들은 앞판과 뒤판이 결합되어 있는 이중 구조의 원형 거미그물을 쳐 놓고 먹이가 오기를 기다린다. 이런 거미그물은 바람과의 마찰에 의해 흔들리면서 정전기를 띠게 되고, 비행을 하던 먹이가 가까이 오면 인력도 하나의 요인이 되어 붙잡히게 된다. 먹이가 걸리면 진동에 의해 거미는 먹이를 감지하게 되고, 빠르게 바퀴통으로 달려가서 거미줄을 잡아당겼다가 놓으면서 되돌아오는 진동으로 먹이의 위치를 감지한다. 먹이가 있는 위치를 인지하면 잽싸게 가서 독을 주입한 후 싸개띠로 돌돌 말아서 잡는다. 낙엽과 같은 이물질이 떨어지거나, 아침이슬이 생기면 직접 제거하기도 한다. 이와 같은 거미의 행동학적 특성과 서울대의 전기공학적 원리의 창의적인 만남은 "거미줄 로봇"으로 개발되었고, "사이언스 로보틱스(Science Robotics)지"에 발표하여 JCR Robotics 분야 1위를 차지하여 2020년 7월호 표지논문으로 선정되었다.

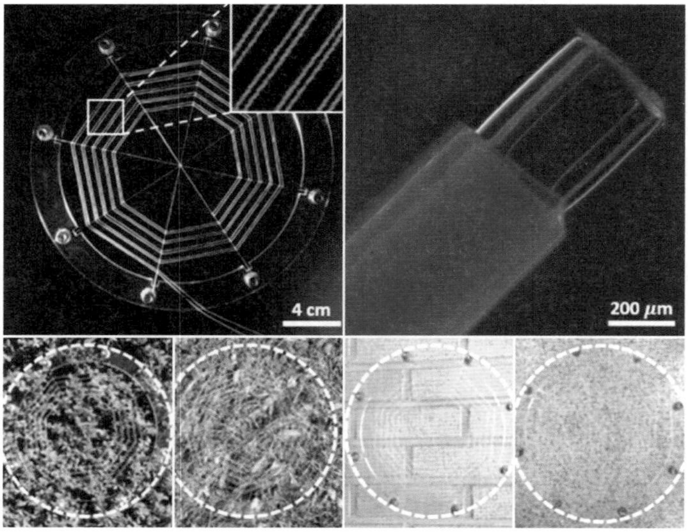

거미줄 로봇 구조

"거미줄 로봇"에 대한 연구 내용 및 성과를 요약하면 다음과 같다.

첫째, 정주성 거미들의 행동학적 특성에서 영감을 받아 거미의 먹이 감지 및 포획, 그리고 오염물 제거 능력을 전기적인 방식으로 모사하는 "거미줄 로봇"은 신축성 전극 역할을 하는 선형의 이온 전도성 오가노젤 코어와 이를 감싸고 있는 신축성 절연체 역할의 실리콘 탄성체로 구성되어 있다.

둘째, 이 거미줄 로봇에 직류 고전압을 인가해주면, 로봇 주위에는 강력한 전기장이 형성되며 주변 물체의 분극을 유도하게 된다. 이렇게 분극 된 물체와 로봇 사이에는 강한 정전기적 인력이 작용하기 때문에 거미줄 로봇은 금속, 폴리머, 세라믹 등 다양한 종류의 물체를 전기적으로 포획할 수 있다. 또 개발된 거미줄 로봇은 모든 구성요소가 신축성 있는 소재로 구성되어 있어 원래 길이의 3배까지 늘어날 수 있으며, 이러한 신축성을 바탕으로 자신보다 68배 더 무거운 물체를 포획하는 데 성공하였다.

셋째, 정전기 유도 현상을 이용하여 물체 표면의 정전하로부터 나오는 전기장을 감지할 수 있다. 이러한 능력은 거미줄 로봇이 물체와의 상대적인 거리를 비접촉 방식으로 감지할 수 있게 해주며, 물체가 충분히 접근했을 때만 전기 포획 기능을 작동하여 불필요한 오염물이 포획되는 것을 예방할 수 있게 해준다. 이러한 감지 능력을 바탕으로 거미줄 로봇은 감지 능력이 없는 경우와 비교해 포획력을 32.5배 높게 유지하는 데 성공하였다.

넷째, 이러한 감지 능력에도 불구하고 거미줄 로봇이 오염되는 경우에는 거미줄 로봇에 교류 고전압을 인가하여 오염물을 제거할 수 있다. 인가된 교류 전압의 진동수가 로봇의 공명 진동수와 일치하게 되면 로봇은 초당 수백 번까지 빠르게 진동하며 표면의 오염물을 관성력을 이용해 튕겨낼 수 있으며, 이러한 오염물 제거 능력을 통해 오염물에 의해 감소

한 포획력을 98.7% 이상 회복하는 데 성공하였다.

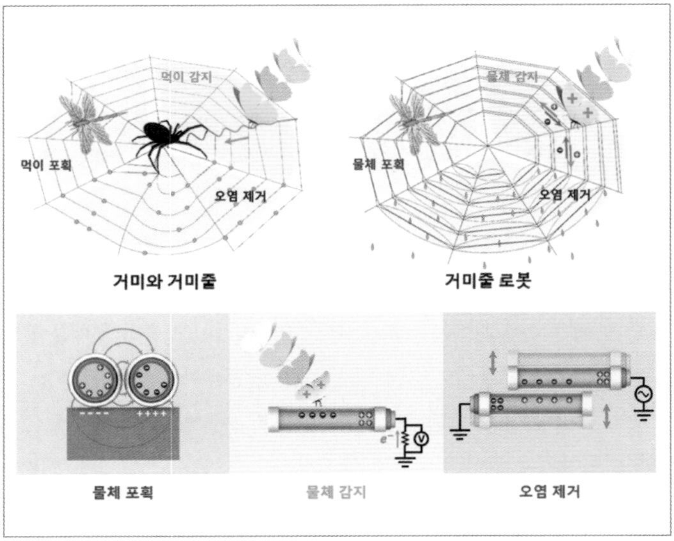

거미 행동학적 특성을 모사한 거미줄 로봇

6. 그 밖에 하고 싶은 이야기

교직생활을 돌이켜 보면 처음 10년 동안은 열정으로, 그 다음 10년은 전문성을 더하고, 그 다음 10년은 사랑을 더하는 것 같습니다.

과학사랑 동아리 [깨움과새롬]을 20년이 넘도록 운영하면서 과학을 좋아하는 학생들에게 무엇을 가르칠까 매우 고민하게 되었고 아래와 같이 깨닫게 되었습니다.

주홍거미를 보호하기 위해 운전 거리만 지구 세 바퀴 반을 돌면서 생태와 국내 생태 지도를 연구하였을 때의 일입니다. 충남 신두리 해안 사구와 강원도 영월을 찾은 후 연구의 한계에 부딪혀서 한국땅거미의 생태와 거의 유

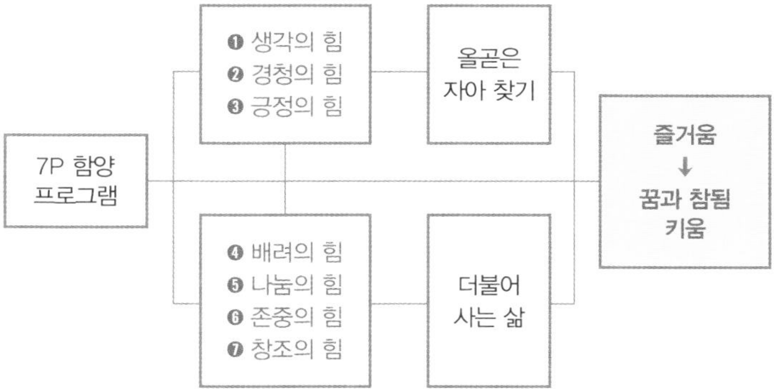

사할 것 같아 한국땅거미에 대한 자료를 자주 올리는 카페에 메일을 남겼습니다. 답장이 와서 충주 터미널로 찾아간 때의 일입니다. 터미널에 도착하여 핸드폰으로 통화를 하면서 주위를 둘러보니 아주 키 작은 초등학생 3명이 손을 흔들었습니다. 한국땅거미를 사육하면서 그 많은 자료들을 탑재하던 학생들이 고작 초등학생인 걸 알고 깜짝 놀랐습니다. 그래서 거미를 찾아 나서기 위해 차에 타라고 하니 그들은 자전거를 타고 왔다며 천천히 따라 오라고 하였습니다. 자전거를 따라 천천히 한참을 간 다음, 작은 야산으로 안내하더니 5분도 되지 않아서 찾아내었습니다. 어지간해서는 낙엽에 집이 덮여 있기 때문에 찾기 어려울 텐데 참으로 대단한 학생들이었습니다. 이런 학생들의 연구를 도와주고 삶의 길을 안내해주지 못해서 너무나 안타깝기도 하였습니다. 이 학생들은 지금 어떤 진로를 선택해서 살아가고 있을지 궁금하기도 합니다. 과학대회에 참여하는 학생을 지도하며 우리나라의 미래 과학자를 키우시는 선생님들께 하루하루 매 순간들이 훌륭한 가르침이라는 말을 전하고 싶습니다.

3. 제56회 전국과학전람회 교원부문 물리분야 대통령상 - 교사 유동준

"마찰에 의해 대전된 전하가 운동할 때 생성된 자기장의 측정 장치 개발과 활용"

◉ 핵심 총평 ◉

이 작품은 '마찰전기가 움직이는 것을 전류로 볼 수 있을까?'라는 질문에서 시작된 연구입니다. 유동준 선생님은 학생들에게 물리를 가르치면서 스스로 다양한 질문을 던지고 호기심을 가져왔는데요. 전류는 전하의 움직임을 말하는데, 마찰된 전기를 운동시키면 과연 이것도 전류와 비슷한 것으로 여길 수 있을까 고민하기 시작했습니다. 마찰전기를 발생시킨 후 마찰된 물체를 회전시키면, 전류가 흐르는 도선과 마찬가지로 자기장이 발생하고 그것을 측정할 수 있다는 사실을 발견했습니다. 이것 또한 현재까지 밝혀지지 않았던 과학적 내용이었기 때문에 이런 새로운 발견이 높은 평가를 받을 수 있었습니다.

중학교 학생들에게 마찰전기를 가르친 후 바로 전류에 대하여 수업을 진행하여 보니 학생들이 마찰전기와 전류는 전혀 다른 전기현상이라고 생각하는 오개념이 형성되어 있다는 것을 알게 되었습니다.

그래서 이를 해결하기 위해 마찰전기(정전기)에서 전류(동전기)로 넘어가는 과정 중간에 개념을 연결할 수 있는 수업이나 실험이 있었으면 좋겠다는 생각을 하게 되었고 이와 관련된 다양한 실험을 찾아보았습니다.

그래서 찾아낸 실험이 털가죽으로 고무풍선을 마찰하여 마찰전기(정전기)를 발생시킨 후 은박접시에 연결된 다이오드의 불을 켜는 실험을 찾아 수업에 적용하였으나 학생들은 단순 정전기 실험의 한 가지라고 생각할 뿐 정전기가 움직이면 전류가 된다는 것을 이해하지 못하였습니다.

따라서 정전기를 이용하여 전구에 불이 계속 들어오게 하면 전류라고 이해하겠구나, 라는 생각에 다양한 방법을 찾아보았으나 실패하게 되었습니다. 그러다 전류에 의한 자기장 부분을 수업하는 가운데 학생들이 도선에 자기장이 생기면 전류가 흐른다는 것을 이해했습니다. 이에 대전된 정전기를 계속 움직여 자기장이 발생되는 모습을 보면 정전기 전류를 이해하겠구나, 라는 생각을 하게 되었습니다. 정전기를 강제로 움직이면 동전기라고 이야기할 수 있고 이 동전기가 자기장을 발생하는 것을 확인하면 전류라고 이해할 수 있으므로 오개념을 없앨 수 있겠다는 생각에 연구를 시작하게 되었습니다.

본 연구는 2015 개정 교육과정 중 과학과 교육과정에서 (9)전기와 자기 단원의 성취 기준인 '[9과09-01] 물체가 대전되는 현상이나 정전기 유도 현상을 관찰하고 그 과정을 전기력과 원자 모형을 이용하여 설명할 수 있다'와 '[9과09-02] 전기 회로에서 전지의 전압이 전자를 지속적으로 이동하게 하여 전류를 형성함을 모형으로 설명할 수 있다' 사이의 핵심 개념을 이해하는 과정에서 마찰전기, 즉 정전기의 개념과 전자의 이동, 즉 전류의 개념을 오개념 없이 연결하기 위하여 마찰에 의해 대전된 대전체의 전하를 강제로 운동시킬 경우 전류라고 할 수 있는지 실험적으로 알아보기 위한 것입니다. 대전된 대전체가 운동할 때 전류계로 측정하거나 LED를 이용하여 불이 들어오는 것을 확인하면 간단한 문제이나 너무나 순간적으로 관찰하기에 학생들의 오개념을 키우는 경우가 많습니다. 따라서 전류가 흐를 때 발생하는 자기장의 개념을 활용하여 정전기를 강제로 운동하면 전류가 될 것이고 이 전류에 의하여 자기장이 발생할 것이다, 라는 가설을 세우고 정전기 운동에 의한 자기장을 측정하여 정전기가 운동하게 되면 전류가 된다는 것을 확인하고자 연구를 시행하였습니다.

연구 관련 자료 소개

- **연구과제 1 — 접선속도가 일정할 때 선전하밀도 측정**

  이론에 따르면 선전하밀도는 물질의 원자적 개념에서 서로 다른 물체 A와 B를 마찰시킨다면 두 물체 간에 얻고 잃는 전하의 양은 일정할 것이고, 이에 따라 선전하밀도는 일정해야 한다. 이를 실험적으로 확인하기 위하여 고리형 회전체를 다음과 같이 확인하였다.

  (1) 실험방법([그림3, 4, 5]를 통해 [그림7] 같이 실험)

  (가) 고리의 반경과 회전속도를 조절하여 고리의 접선속도를 일정하게 유지한다.(고리의 반경과 회전속도 조절 이유: 일반적인 마찰전기 실

- 제작된 실험 기구 사진

[그림 1] 아크릴 원판

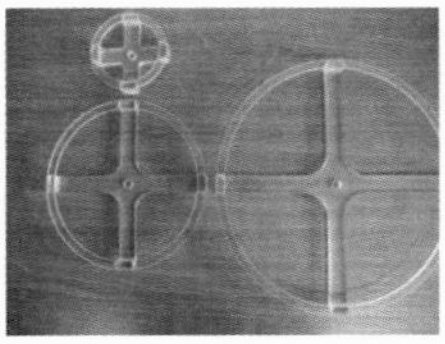

[그림 2] 유리 고리

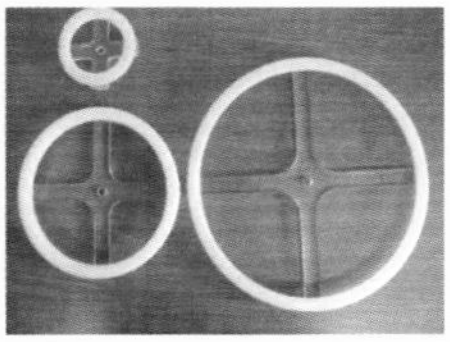

[그림 3] 폴리에틸렌 고리

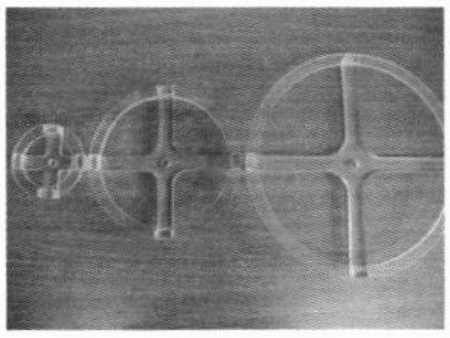

[그림 4] 아크릴 고리

[그림 5] 고리형 털가죽

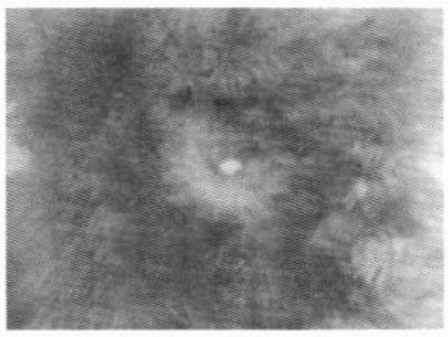

[그림 6] 털가죽판

[그림 7] 전기퍼텐셜 측정 장치

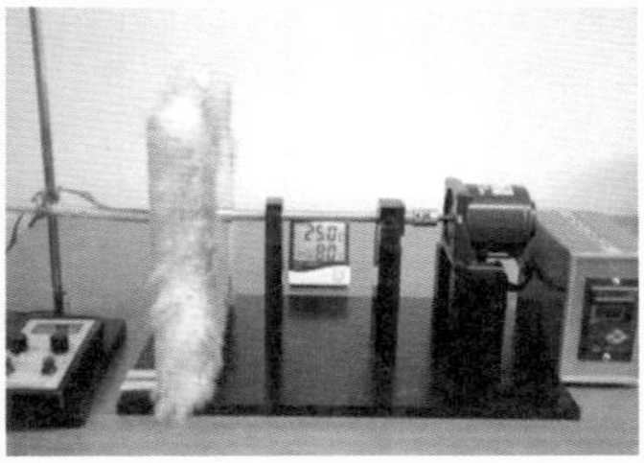

[그림 8] 자기장 측정 장치

험에서 마찰을 빠르게 하면 대전이 많이 됨을 알 수 있기에 변인통제를 위하여 고리의 반경을 키우면 회전속도를 줄임으로써 고리의 접선속도를 일정하게 유지)

(나) 3분 동안 고리와 털가죽을 마찰시킨 후, 전기퍼텐셜을 측정한다.

(3분인 이유: 실험한 결과, 3분 이후 전기퍼텐셜의 변화가 거의 없어 완전히 대전된 것으로 정의함)

(다) 고리의 반경과 회전 속도를 변화시킨 후 위 실험을 반복한다.

(라) 고리의 재질을 변화시키면서 위 실험을 반복한다.

(마) 실제 [그림2]의 유리고리는 제작이 어렵고 1차 실험 중 파손되어 추후 실험에 사용을 못하였다.

변인통제	
통제변인	온도, 습도, 털가죽과의 접촉간격, 접선속도, 재질, 마찰시간
조작변인	반경, 회전속도
종속변인	전기퍼텐셜

(2) 실험결과

접선속도(회전반경×각속도)를 일정하게 유지하여 전기퍼텐셜을 측정한 결과로 다음과 같은 사실을 알 수 있었다.

고리형 대전체의 접선속도가 일정하면 선전하밀도는 일정하다.

- **연구과제 2 — 접선속도를 변화시킬 때 전기기퍼텐셜의 측정**

접선속도가 증가할 때 접선속도와 전기퍼텐셜 사이의 관계를 알아보고, 각속도가 일정할 때 회전고리의 반경과 전기퍼텐셜 사이의 관계도 알아보고자 한다.

(1) 실험방법([그림3, 4, 5]를 통해 [그림7] 같이 실험)

(가) 고리의 회전속도를 일정하게 유지하면서 고리를 회전시킨다.

(나) 3분 동안 털가죽과 마찰시킨 후, 전기퍼텐셜을 측정한다.

(다) 회전속도는 일정하게 유지하면서 고리의 반경을 변화시켜 접선속도를 증가하도록 하여 회전시킨다.

(라) 3분 동안 털가죽과 마찰시킨 후, 전기퍼텐셜을 측정한다.

(마) 고리의 재질을 변화시켜 위 실험을 반복한다.

(바) 고리의 회전속도를 변화시켜 위 실험을 반복한다.

변인통제	
통제변인	온도, 습도, 털가죽과의 접촉간격, 회전속도, 재질, 마찰시간
조작변인	반경
종속변인	전기퍼텐셜

(2) 실험결과

접선속도가 증가하면 전기퍼텐셜 또한 정비례하게 증가함을 알 수 있다.

접선속도와 전기퍼텐셜은 정비례한다.

▪ **연구과제 3 — 회전 반경과 면전하밀도의 관계**

연구과제 1, 2를 통해 원형 고리의 선전하밀도를 측정한 후 수학의 적분을 활용하여 면전하밀도를 구하는 사고 실험을 실시하였다.

(1) 실험결과(사고 실험)

- **원형 고리의 접선속도와 전기퍼텐셜은 정비례한다.**
- **원형 고리의 각속도가 일정할 경우 반경과 전기퍼텐셜을 정비례한다.**
- **원형 고리의 선전하밀도는 고리의 반경에 정비례한다.**
- **원형 고리를 적분하면 원판이 된다.**
- **각속도가 일정할 경우 원형 고리의 선전하밀도가 비례하므로 면전하밀도 역시 반경에 비례한다.**

(2) 실험결과

회전에 의해 대전된 원판의 면전하밀도는 $\sigma = ar$(a: 상수, r: 원판의 반경)이므로 다음과 같은 가설을 세울 수 있다.

가설 : 회전하여 대전된 원판의 면전하밀도는 반경에 비례한다.

- **연구과제 4 — 회전 반경과 자기장 사이의 관계**

위 실험 내용을 바탕으로 원판 각 지점의 면전하밀도가 원판의 반경에 따라 정비례하는 것을 알았다. 이를 통하여 회전 반경과 자기장 사이의 관계를 유추하고 실험적으로 아래와 같이 증명하고자 한다.

(1) 실험방법([그림1, 6]을 통해 [그림8] 같이 실험)

- 면전하밀도와 반경 사이의 관계를 이용하여 자기장의 세기에 관한 이론식을 유도한다.
- 원판의 회전속도를 일정하게 유지하면서 원판을 회전시킨다.
- 원판을 털가죽과 3분 동안 마찰시킨 후 자기장을 측정한다.
- 원판의 반경을 변화시킨 후 위 실험을 반복한다.

(2) 실험방법

회전하는 원판의 면전하밀도가 반경에 비례할 경우, 자기장은 반경의 제곱에 비례함을 이론적으로 알게 되었고 실험결과 역시 자기장과 반경사이에 제곱 비례형태임을 알게 되었다.

본 연구를 통해 정전기가 강제로 운동하게 되면 전류로 볼 수 있음을 전류에 의한 자기장 개념을 적용하여 자기장을 통해 확인하였습니다. 즉, 학생들에게 전류의 개념을 확장하여 도선에서 움직여야만 전류라 볼 수 있는 것이 아니며 전하를 띤 물질이 운동하면 전류로 볼 수 있음을 인지시킬 수 있었던 것입니다.

2103 마찰에 의해 대전된 전하가 운동할 때 생성된 자기장의 측정 장치 개발과 활용

작품요약설명

'정전기도 운동하면 전류일까?'라는 의문을 해결하기 위하여 회전하는 동안 대전된 원판의 자기장을 측정하였다. 이때 원판의 면전하 밀도는 반지름에 비례하며 이에 따라 자기장의 크기는 반지름의 제곱에 비례함을 알아냈다.

• 출 품 자 : 유동준(목천중학교)

연구내용

❶ 연구 동기 및 목적

'정전기가 움직이면 전류입니까?' 라는 학생들의 질문에 답하기 위해 정전기를 전류로써 측정한 내용을 여러 매체를 통해 조사하였으나 관련 내용이 없었다. 따라서 이를 실제 실험을 통해 확인하고자 하였다. 정전기가 회전하였을 때 자기장이 생기는 것을 확인하여 정전기가 운동하면 전류임을 보이고자 한다.

❷ 연구 과정 및 결과

◆ 1차실험:정전기 회전에 의한 자기장측정

1. 문제인식

정전기가 운동하면 전류일까? 전류계로 정전기를 측정할 수 있을까? 없다면 정전기가 운동할 때 자기장을 측정하여 전류임을 확인하자.

2. 측정결과

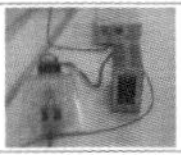

초기 대전된 원판을 회전시켜 자기장을 측정함으로써 전류임을 확인하고자 하였다. 이 실험을 통해 약 4.8mG 의 자기장이 측정되었다. 이를 정량적으로 알아보기 위하여 2차실험을 하였다.

◆ 2차실험:반지름에 따른 자기장 측정

1. 가설설정

가. 회전에 의해 대전된 원판의 면전하 밀도는 일정할 것이다.

나. 면전하 밀도가 일정하다면 자기장과 반지름사이에는 1차 비례할 것이다.

2. 이론식 유도 및 측정

$$B=\int dB=\int_0^R \frac{\mu_0}{2}\sigma\omega dr=\frac{\mu_0\sigma\omega}{2}R \ (\therefore B\propto R)$$

아크릴원판

털가죽

실험기구

3. 측정결과

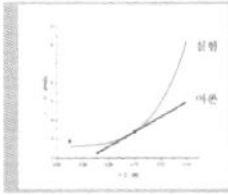

면전하 밀도가 일정할 경우 유도된 식과 실험값이 불일치함. 따라서 가설재설정이 필요함을 느끼고 3차실험을 하였다.

◆ 3차실험:면전하밀도와 반지름 관계찾기

1. 문제인식

가. 예비실험 : 마찰속도와 대전량은 비례함.

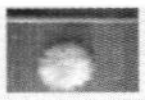

털가죽과 PVC막대

마찰하기

전기퍼텐셜 측정

나. 회전하는 원판의 각 지점의 마찰속도가 반지름에 비례

다. 원판의 각 지점에서의 대전량은 균일하지 않을 것이다.

2. 가설재설정

회전에 의해 대전된 원판의 면전하 밀도는 반지름과 관련있을 것이다.

3. 접선속도 일정시 선전하 밀도

아크릴 고리

폴리에틸렌 고리

유리 고리

고리형 털가죽

실험장치

$$V=\frac{1}{4\pi\epsilon_0}\frac{Q}{\sqrt{R^2+Z^2}}=\frac{1}{4\pi\epsilon_0}\frac{\lambda 2\pi R}{\sqrt{R^2+Z^2}}=\frac{\lambda}{2\epsilon_0}\frac{1}{\sqrt{1+\frac{Z^2}{R^2}}}$$

$$\therefore \lambda=2\epsilon_0 V\sqrt{1+\frac{Z^2}{R^2}}$$

통제 변인		• 기온 : 22.5℃±1℃ • 습도 : 65%±2% • 접촉 간격 : 4cm • 마찰속도 : 일정 • 마찰시간 : 3분 • Z(m) : 0.05m		
회전속도(RPM)		500RPM	750RPM	1500RPM
반지름(m)		0.15(m)	0.10(m)	0.05(m)
아크릴	선전하밀도 (C/m)	5.00×10^{-8}	5.15×10^{-8}	6.18×10^{-8}
폴리에틸렌	선전하밀도 (C/m)	-2.91×10^{-8}	-2.89×10^{-8}	-3.50×10^{-8}

고리형 대전체의 접선속도가 일정하면 선전하밀도는 일정하다.

4. 마찰속도와 전기퍼텐셜

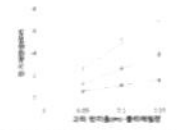

마찰속도(각속도 일정, 반지름 변화)와 대전량은 1차 비례함.

5. 마찰속도와 전기퍼텐셜

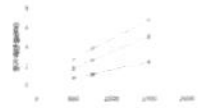

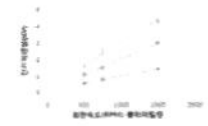

마찰속도(반지름 일정, 각속도 변화)와 대전량은 1차 비례함.

6. 원판의 반지름과 면전하밀도

회전에 의해 대전된 원판의 면전하밀도 : $\sigma=ar$

◆ 4차실험:원판의 반지름과 자기장

1. 이론식 유도

$$dB=\frac{\mu_0}{4\pi}\frac{i\,d\vec{s}\times\vec{r}}{r^3} \ (\text{Bio-Savart 법})$$

$$dB=\frac{\mu_0}{4\pi}\frac{dq}{dt}\frac{ds}{r^2}=\frac{\mu_0}{4\pi}\frac{ar(2\pi r)dr}{dt}\frac{rd\theta}{r^2}=\frac{\mu_0}{2}ar\frac{d\theta}{dt}dr \quad \therefore dB=\frac{\mu_0}{2}ar\omega dr$$

$$B=\int dB=\int_0^R\frac{\mu_0}{2}ar\omega dr=\frac{\mu_0 a\omega}{2}R^2 \quad \therefore B\propto R^2$$

2. 원판의 반지름과 자기장 측정

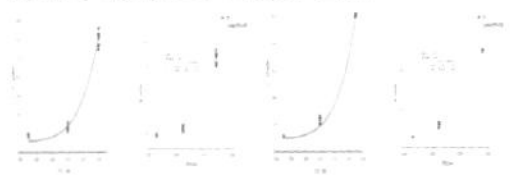

❸ 연구결과

가. 선전하밀도는 일정

나. 마찰 속도와 대전량은 비례

다. 회전하여 대전된 원판의 면전하밀도는 반지름에 비례

라. 회전하여 대전된 원판의 자기장은 반지름의 제곱에 비례

❹ 효과 및 전망

가. 학생들의 전기현상의 확장

- 정전기와 전류의 개념을 전기현상의 종류로 통합이 가능함.

나. 학생들의 전기와 자기현상의 개념적 통합

- 정전기가 운동하면 자기장이 발생함을 확인함으로써 전기와 자기사이의 관계를 폭넓게 적용할 수 있음.

☆ 수상소감 Q&A ☆

1. 대통령상이라는 소식을 들었을 때, 첫 기분은 어땠는지요?

어안이 벙벙했습니다. 그리고 이렇게 큰 상을 내가 받아도 될까? 라는 생각이 컸습니다. 내가 연구한 것이 이렇게 큰상을 받을 정도인가? 라는 생각에 뿌듯하면서 성취감도 있었고요. 물론 처음 참가한 대회에서 이렇게 큰 상을 받으면서 앞으로 연구를 어떻게 해나가야 하지? 라는 막연한 두려움도 있었으나 그것은 기우에 불과하고 앞으로 학생들과 같이 연구해서 교육과 학생들의 미래에 도움이 되어야겠다는 다짐을 하는 계기가 되었습니다.

이번 연구를 시작하면서 많은 우여곡절도 있었고 생각과 다른 실험결과에 좌절하기도 했지만 한번 시작한 이상 끝까지 해보자는 각오로 열심히 했습니다. 그 결과, 실험에서 예상과 맞는 결론을 도출한 순간 느낀 쾌감은 아직도 잊을 수 없습니다. 물론 수상결과는 저 혼자만의 노력으로 이루어진 것은 아닙니다. 실험 설계부터 가설 재설정 등의 과정에서 많은 분들의 도움이 없었으면 이러한 결과를 얻지 못하고 실패했을 것입니다. 많은 도움을 주신 교수님들과 선생님들의 고마움을 잊지 않겠습니다.

전국과학전람회를 통해서 과학적 탐구방법에 대해 조금이나마 알 수 있었고 과거 과학자들이 현재의 이론을 정립하기 위해 다양한 시도를 하면서 얼마나 많은 좌절과 실패를 겪었는지, 그리고 이를 이겨내기 위해 얼마나 많은 노력을 하였는지 간접적으로 느낄 수 있었습니다. 이런 경험은 이후 과학 수업을 이끌어갈 때 큰 도움이 되었습니다.

과학은 특별한 사람만이 할 수 있는 것이 아닌 노력과 끈기, 과제집착력,

궁금증에 대해 다시 한 번 질문하고 이해하려는 노력 등이 있으면 누구나 할 수 있다는 것을 알게 되었습니다.

이 책을 읽는 학생들도 용기를 내 도전한다면 주변에서 많은 도움을 주실 겁니다. 꼭 도전해 보세요. 이러한 도전이 여러분들에게 과학자로 나갈 수 있는 기반을 다져줄 것입니다. 도전한 자만이 성취를 얻을 수 있습니다. 감사합니다.

2. 왜 대통령상을 받을 수 있었다고 생각하나요?

우선 저도 그것이 의문입니다. 이론적으로 도체 내에서 전하가 움직이면 전류가 된다는 것은 다 알고 있는 사실입니다. 그리고 교과서에서도 마찰시킨 후 LED를 접촉했을 때 불이 들어와 전류가 될 수 있음을 확인하는 실험이 다양하게 존재합니다.

그런데 제가 전류에 의한 자기장에 대한 내용을 적용한 것이 창의적이라는 평가를 받는 데 역할을 한 게 아닐까 조심스럽게 생각해봤습니다.

LED를 이용한 실험은 아주 순식간에 확인 가능한 실험으로 학생들의 오개념을 없애는 데 부족하다고 생각하고 지속적으로 전류임을 확인할 수 있는 방법을 찾다가 마찰을 통해 자기장을 확인하면 전류라고 생각해도 되지 않을까 판단했습니다. 실험 중 결과를 도선에 흐르는 전류와 마찬가지로 계속적으로 확인할 수 있을 것이라는 생각에서 탐구를 설계하고 의문점을 해결하기 위해 이론과 실험결과를 일치시키는 과정이 명확해서 선정되었다고 생각합니다.

3. 좋은 결과를 얻기 위해서는 어떻게 해야 하나요?

우선 내가 연구하고자 하는 것에 대한 이론적 배경이 튼튼해야겠지요. 그리고 물리라는 학문은 수학적으로 해결해야 하는 것이 많기 때문에 수학에 대한 이해도 역시 필요합니다.

과학적 탐구방법에 따른 과정 역시 중요하다고 생각합니다.

위에서 언급한 것들은 누구나 생각할 수 있는 것인데 지금부터는 제가 개인적으로 생각하는 것들을 말씀드리겠습니다.

과학대회는 심사위원이 있습니다. 심사위원들은 실제로 연구자보다 더 많은 경험과 지식을 가지고 있게 마련이지요. 이러한 심사위원들이 나의 연구에 대해 의문점을 가지고 있으면, 혹은 믿지 못하면 연구는 헛수고가 되고 말 것입니다. 따라서 저는 심사위원 입장에서 질문할 수 있는 것이 무엇이 있을까를 연구 내내 생각했던 것 같습니다. 이러한 연구에 대한 의문점은 심사 시 당연히 질문이 나오더라고요. 그래서 연구 과정 중 꾸준히 내 연구에 대해 의심하고 질문을 기록하고 그 질문에 대해 답변하기 위해 실험을 재구성하는 등의 노력을 했습니다.

쉽게 이야기하면 내 연구의 타당성과 정확성을 어필하기 위한 변명자료를 과학적 근거를 가지고 만들었던 것이지요.

실험을 했을 때 실험으로만 결론을 도출하는 것이 아닌 기존 연구를 토대로 이론적 결과를 도출해 내고 이론적 결과와 실험결과가 얼마나 잘 들어맞는지 확인하고 만일 일치하지 않는다면 그 이유를 가설부터 재점검하면서 수정 보완해나가는 게 좋을 것 같습니다.

요컨대 탐구 내용에 예상 질문에 대한 답변을 모두 담아 질문의 여지를 최소화하는 것이 좋다고 생각합니다.

4. 탐구 설계에서 변인통제는 어떻게 하셨나요?

우선 마찰전기는 온도, 습도, 바람, 마찰하는 빠르기, 마찰 시 접촉의 강도 등에 영향을 많이 받습니다.

저는 처음 통제변인 중 온도와 습도를 맞추기 위해 여러 가지 생각을 했습니다. 아크릴 상자를 제작 후 그 안에서 실험을 진행할까 생각했으나 그렇게 되면 실험기구를 아크릴상자에 넣어야 하고 그러면 전선을 뽑을 구멍을

뚫어야 하며 그때는 기구의 원격조작이 어려워 어떻게 할지 고민이 많았습니다. 그러다 우연히 에어컨을 생각하게 되었지요. 에어컨은 온도도 조절하고 제습기능도 있기 때문입니다. 그래서 2평 남짓 공간에서 모든 문을 닫고 에어컨을 제일 세게 틀어 놓은 후 일정 시간이 지나서 온도와 습도를 측정하니 온도와 습도가 일정하게 유지되는 것을 알았습니다. 그 후 모든 실험에서 에어컨 작동 후 온도와 습도를 일정하게 유지시키고 결과를 측정했습니다. 한여름인데도 매우 춥더라고요.

그리고 실험을 위한 털가죽을 구하기가 참 어려웠습니다. 처음에는 학교에서 마찰전기 실험하는 털가죽을 이어 붙였는데 두께가 다양해서 털의 높낮이가 달라 이렇게 되면 정확한 실험이 안 될 것이라고 생각했습니다. 그 이유는 마찰전기 실험 시 털가죽과 에보나이트 막대를 세게 잡고 마찰할 때와 느슨하게 잡고 마찰할 때 차이가 있는 것을 알고 있기에 균일한 털가죽을 구하기가 어렵던 도중에 우연히 자동차 시트에 장착하는 털가죽을 생각했습니다. 여러 업체에 문의한 결과, 자동차 시트는 천연 양모라는 사실을 알았습니다. 그래서 시트를 구입하여 제작하게 되었습니다.

이처럼 변인을 찾고 통제하는 일이 굉장히 어려웠습니다. 그래도 계속 문제해결을 위해 생각을 하다 보니 방법이 보였습니다. 여러분도 실천해보세요.

그런데 충남 대회에서는 실험 결과와 이론 결과가 일치하지 않아 실패한 연구라고 생각하고 있었습니다. 이때 충남 대회 심사를 오신 교수님께서 한 마디 말씀하시더라고요.

"선생님, 왜 실험결과와 이론이 안 맞는지 아세요? 학교에서 실험해 보셨겠지만 같은 실험 도구로 마찰전기 실험을 하더라도 빠르게 문지른 것과 천천히 문지른 것 중에 빠르게 문지른 것이 대전이 잘 되지요? 그러면 선생님 실험에서도 원판을 문지른 것인데 원판이 모두 균일하게 같은 속도로 문지른 것일까요?"

이 질문에 머리를 누가 꽝 치는 느낌을 받았습니다. '원판의 반지름에 따라 각속도는 같지만 접선속도는 반지름에 따라 다르다. 그러면 같은 원판이라도 반지름이 클수록, 즉 바깥으로 나갈수록 속력이 빨라 대전이 더 많이 되겠다' 라는 생각에 가설을 재설정해서 전국대회 전에 모든 실험을 갈아엎고 다시 탐구 설계해서 이론과 실험이 일치하는 결과를 얻게 되었습니다. 이처럼 노력한다면 주변에서 우리를 도와주는 사람은 얼마든지 있습니다!

5. 이후 추가로 하고 싶은 연구가 있나요?

위 연구를 통해 추가로 해보고 싶은 것이 있습니다.

첫째, 대전열이 있는데 현재 과학 기술의 발달로 다양한 재료, 특히 고분자화합물이 다양하게 만들어지고 있습니다. 따라서 다양한 재료에 대해 대전열을 정리해보고 싶습니다.

둘째, 정전기의 방전에 대해 연구해 보고 싶습니다. 우리는 경험적으로 대전이 잘 되는 조건을 잘 알고 있습니다. 방전에 대한 조건은 어떤가에서부터 온도와 방전과의 관계, 습도와 방전과의 관계, 대전열 사이의 차이에 따른 대전되는 정도를 수학적으로 연구해 보고 싶습니다.

셋째, 정전기와 전류의 교육과정을 운영할 때 학생들의 오개념을 최소화시키기 위해 위 실험을 토대로 정전기에서의 전류를 확인하는 기기를 제작하여 오개념 없이 전기수업을 하고 싶습니다.

6. 탐구과정을 설계할 때 가장 중요시하는 것이 무엇인가요?

저는 탐구과정 설계 시 변인통제를 가장 중요하게 생각합니다. 변인통제에는 통제변인, 조작변인, 종속변인이 있는데 그중에서도 통제변인을 가장 중요하게 생각하고 세심하게 준비를 합니다. 그 이유는 탐구에서 정확한 결과를 얻기 위해서 다양한 변인을 파악하고 이를 정확하게 통제해야지만 실험 결과의 정확성을 확보할 수 있기 때문입니다.

7. 탐구 주제를 어떻게 얻습니까?

우선 저는 교사이다 보니 학생들을 가르칠 때 수업준비를 하게 됩니다. 그러면 우선 교과서를 정독하게 되는데 교과서의 내용을 읽고 수업을 준비하다보면 설명 자료를 만들어야 합니다. 그런데 가끔 용어라든지 예시가 부정확하다고 느낄 경우 제가 가르치는 학생 역시 오개념이 생길 수 있다고 생각하여 논문이나 참고서, 교재 등 다양한 경로로 준비합니다. 그러다 보면 새로운 연구 주제가 나타나는 경우도 있습니다.

특히 설명하는 내용 중 단어 때문에 생기는 오개념도 많은 데요. 예를 들면 '빛이나 파동에서 밀하다'라고 표현하는데 이 '밀'을 빽빽할 밀(密)로 사용하여 학생들이 '입자간 사이가 빽빽하여 굴절이 된다'라고 오인하는 경우가 있습니다. 이런 오개념 문제는 연구할 가치가 있다고 판단합니다.

8. 적당한 실험 기구는 어떻게 선정하나요?

우선 내가 측정하고자 하는 값이 무엇인지 정확하게 알고 측정 가능한 범위의 기기를 인터넷을 통해 알아봅니다. 그리고 과학교육원에 실험기구를 대여하는 프로그램이 있는데 문의를 해 봅니다. 또는 교수님들을 통해 측정기기가 있는 곳을 문의해보고 해당기관에 제가 원하는 측정기기를 대여 또는 측정해 줄 수 있는지 문의해 봅니다.

9. 그 밖에 하고 싶은 이야기 있나요?

전국과학전람를 비롯한 각종 과학대회는 특별한 영재나 천재인 사람만 참가할 수 있다고 생각하는 사람이 많습니다. 그런데 지극히 평범한 교사인 저도 참가해 수상했듯이, 처음 시작할 때의 두려움과 어려움만 극복한다면 누구나 참여해 좋은 결과를 얻을 수 있습니다. 그리고 우리 주변을 둘러보면 나에게 도움을 줄 사람은 얼마든지 있고요.

하고자 하는 의지, 노력, 끈기를 가지고 조금만 더 노력한다면 여러분의 과학적 지식이 향상되고 탐구능력을 키울 수 있는 좋은 기회가 될 수 있습니다. 도전을 두려워하지 말고 편하고 쉬운 주제부터 선정해서 도전해 보세요.

4. 제57회 전국과학전람회 학생부문 물리분야 대통령상 - 학생 황세현/지도교사 정호근

"P factor 토크의 크기와 이로 인한 항공기 조작에 관한 연구"

● 핵심 총평 ●

P 팩터(factor) 토크의 크기와 이로 인한 항공기 조작에 관한 연구의 시작은 항공기에 대한 관심과 게임을 통한 문제의 발견, 그리고 다양한 연구 자료들의 확인을 통한 의문점에서 시작했습니다. 심사위원들에게 가장 좋은 평가를 받았던 것은 바로 이러한 문제 포착이었습니다. 또 문제의 포착으로 세현이의 호기심이 끝난 것이 아니라 실험을 통해 왼쪽 엔진이 꺼졌을 때는 오른쪽 엔진이 꺼졌을 때보다 방향타(Rudder)를 1.5배 가량 더 밟아줘야 한다는 사실을 정량적인 탐구과정을 진행, 풍동 실험, 시뮬레이터 실험 등을 통한 결과에 대한 분석, 그리고 결론 도출 등으로 확인하고, 이 과정을 과학적 연구 방법으로 정리한 것이 높은 평가를 받았습니다.

제가 처음 만났을 때부터 고등학교 1학년 세현이의 모습은 과학자의 모습이었습니다. 세현이는 어렸을 때부터 항공 엔지니어나 조종사가 되기를 희망할 정도로 항공에 관심이 많았습니다. 가장 중요한 것은 관심으로만 끝나지 않고 계속 실천하는 모습이었습니다.

세현이가 이 연구를 시작한 것은 초등학교로 거슬러 올라갑니다.

세현이는 초등학교 학기말에 X plane이라는 비행 시뮬레이션을 접하게 되었고, 이때부터 본격적으로 플라이트 시뮬레이터라는 카페에서 동호회 활동을 했습니다. 이것은 항공기에 관한 많은 공부를 시작하게 되는 계기가 되었습니다.

세현이를 대단하게 생각한 이유는 우선 과제 집착력 때문입니다. 특히 본인이 알고 싶은 지식을 찾기 위해 카페 등 다양한 방법을 수소문했고, 이러한 과정을 바탕으로 연구 활동을 진행한 것입니다. 알고 싶은 내용, 배우고 싶은 개념에 대해서 적극적으로 학습하는 친구였습니다.

카페의 회원들이 올린 글들은 학생과학탐구발표대회와 전국과학전람회에 출품한 자이로 세차의 항공기 적용에 관련된 보고서 작성에 필요한 기초 지식이 되었고, 이 내용을 기반으로 연구를 시작하게 되었습니다.

카페를 통해 보고서에서도 가상 실험 프로그램으로 쓰인 Flight simulator를 알게 되었습니다. 이후에 비행 시뮬레이션이 단순한 게임의 속성에서 벗어나 실제와 비슷한 환경에 근접할 수 있다는 생각에 아마추어를 대상으로 한 내용들이 아닌 조종사들을 대상으로 한 전문적인 자료도 공부를 시작했습니다. 세현이가 공부를 하다가 Flight Simulator 프로그램에 Learning center라 하여 비행 프로그램의 도움말과 항공 관련 정보를 모아 놓은 부분이 있다는 것을 알게 되었습니다. Learning center의 비행 학교 교사인 로드 마차도(Rod Machado)가 집필한 다양한 설명서를 게임의 성격에 맞게 수정하고 내용을 탑재한 것인데 이 내용이 우리에게는 아주 좋은 기회였습니다. 이 보고서의 주제에서 전국과학전람회 참가 아이디어를 얻게 되었기 때문입니다.

Multi engine aircraft에 관한 글에 P factor(프로펠러 회전이 가지고 있는 공기 역학적 현상)에 관한 내용이 있었습니다. 한쪽 엔진이 작동되지 않을 때 취해야 하는 절차를 다룬 이 글은 일반적으로 왼쪽 엔진의 고장이 오른쪽 엔진의 고장보다 더 위험한 이유를 P factor로 설명하고 있었습니다. 이 글에서 P factor와 그것에 의해서 나타나는 현상을, 아래쪽으로 향하는 프로펠러가 위로 향하는 프로펠러보다 더 큰 추력을 만든다는 전제를 가지고 간략하게 설명하고 있었습니다.

이러한 이론을 기반으로 세현이는 시뮬레이터에서 간이 실험을 간단하게 해보게 됩니다. 여기에서 중요한 점이 있습니다. 바로 실행력입니다. 문제가 있을 때, 내가 그 현상을 직접 보고 싶을 때 실험을 통하거나 아니면 시뮬레이션을 통해 직접 알아보는 것입니다.

왼쪽 엔진이 꺼졌을 때 오른쪽 엔진이 꺼졌을 때보다 1.5배 정도의 방향타(Rudder) 입력이 더 필요하다는 자료를 보게 됩니다. 이후 이 주제에 흥미를 느껴서 P factor는 프로펠러의 회전축과 비행 방향이 평행하지 않아서 생긴다는 추측을 직관적으로 해보았고, 이것이 맞는지 확인하기 위해서 인터넷에서 P factor와 Critical engine[7]에 대해 더 공부하게 되었습니다.

그 결과, 이론적으로 프로펠러만 분리해 생각해보면 P factor는 Left turning tendency(좌측으로 도는 경향성, 좌선회 경향)을 일으키므로 P factor는 결국 단순히 토크라는 사실을 알게 되었으며 P factor 때문에 파생되는 몇 가지 현상들을 추가로 알게 되었습니다.

7 다발기(프로펠러가 많은 비행기)에 있어 1발 정지를 고려할 때 이것이 정지되어 안정성에도 큰 타격을 주는 엔진. 통상은 우 또는 좌의 가장 바깥쪽의 엔진이다.

정리해 보면, 프로펠러의 회전 방향이 뒤에서 보았을 때 시계 방향인 통상의 항공기는 좌선회 경향(Left turning tendency)을 갖는 특성이 있습니다. 좌선회 경향의 원인에는 여러 가지가 있는데 그중 하나가 바로 P 팩터(P-factor)입니다. 따라서 P 팩터는 반드시 보정되어야 하는 것이지요. 다양한 비행 상태에 따라 시시각각 변하는 P 팩터의 크기를 조종사가 눈으로 계기를 보면서 파악해 항공기에 신속한 조작을 가해야 하므로 조종사의 업무량이 늘어나게 됩니다.

또 비상 상황이나 관제탑으로부터의 지시, 기상 불량 등으로 착륙을 단념하고 재차 상승하여 착륙을 다시 하는 조작을 할 때는 평소와 달리 엔진 출력을 급격히 올려야 하는 상황이 올 수 있습니다. 이럴 때는 좌선회 경향이 급격히 증가하는데 수동 보정에는 인체의 반응 시간이 관여하므로 P 팩터가 즉각적으로 보정될 수 없고 만약에 조종사의 반응 시간 사이에 항공기가 P 팩터 등으로 인한 스핀에 돌입하거나 항공기가 저고도에 있는 경우나 무게 중심이 뒤쪽에 있는 경우, 그리고 T-테일 항공기처럼 항공기의 구조와 처한 상황이 스핀에 취약할 경우는 항공기가 매우 큰 위험에 빠질 수 있습니다.

당시 이러한 P-팩터는 조종사들에게 상당히 잘 알려진 현상이었습니다. 그러나 미국연방항공국에서 출간한 저명한 안내서인 『Pilot's handbook of aeronautical knowledge』를 보면 P 팩터에 관한 소개는 하고 있지만, 내용이 매우 부실했습니다. 실제 크기에 관한 숫자로 된 데이터 값은 하나도 없었습니다.

세현이는 시뮬레이터를 해본 경험과 지식을 토대로 생각해 보았습니다. 조종사들은 작은 계기 하나와 몸에 느껴지는 좌우 방향의 힘만을 믿고 P 팩터를 보정하면서 운행을 하고 있었으므로 특히 신입 조종사들에게는 P 팩터가 위험한 현상이라는 생각과 문제점을 갖게 되었습니다. 그래서 사고 기록을 조사해본 결과 P 팩터와 관련된 사고들을 여러 건 찾을 수 있었습니다. 항공기는 이륙할 때에 바람이 부는 반대쪽으로 선회하려는 성향을 지니는데 이 특성이 P 팩터와 결합해서 복합적인 원인으로 항공기가 왼쪽으로 강하하며 추락한 사고가 있었습니다.

2010년 5월 20일에 뉴욕에서 SR22라는 비행기가 사고를 당했는데 4명이 가벼운 부상을 입었고, 항공기의 다른 결함이나 조종사의 실수로 인해서 P 팩터를 바로잡을 수 있는 여건이 항공기 내에서 조성이 안 되었을 때 추락한 사고도 3건 정도 찾을 수 있었습니다. 위와 같은 이유에서 본 탐구를 진행하게 되었는데 먼저 시중에 없었던 P 팩터 토크의 크기를 계산하는 프로그램을 직접 작성했습니다. 이 프로그램은 P 팩터를 수학, 물리적으로 해석한 식을 토대로 작동했으며, 다양한 P 팩터의 변수들을 입력받아 자동으로 토크를 계산, 산출해 내었습니다. 수식의 유도에서는 학교에서 공부하는 수학의 내용을 응용했습니다. 그리고 앞서 작성한 P 팩터 계산기에서 나온 값과 비교, 검증하고 실물 데이터를 얻기 위해서 P 팩터 토크의 정량적인 크기를 다양한 변수를 조작해 가면서 측정할 수 있는 풍동 실험의 필요성도 느껴 시행했습니다. 그러나 토크의 크기를 아는 것과 그 토크가 실제로 항공기에 미치는 영향을 아는 것은 별개의 문제이므로 비행 시뮬레이션을 이용해 P 팩터를 바로잡는 실험을 수행했습니다.

P-팩터의 보정 장치 모형의 1차 작품 – 과학 상자로 제작

게임을 통해 세현이는 과학적 문제를 찾았고, 그 문제에서 연구 과정을 통해 결과를 도출하였으며 좋은 성과를 얻을 수 있었습니다.

세현이는 게임을 하면서도 다양한 의문을 가졌습니다. 이러한 의문을 그냥 가지고 있는 것이 아니라 의문과 관련된 자료를 찾기 시작합니다. 이때 중요한 점이 있습니다. 세현이는 영어를 매우 잘하는 친구였고, 또한 영어를 열심히 공부하는 친구였습니다. 이것은 매우 중요한 것입니다. 우리나라의 자료뿐만 아니라 외국 자료까지 별 무리 없이 읽을 수 있었기 때문에 다양한 방법과 검색으로 필요한 자료를 찾아 정리할 수 있었습니다. 이 과정을 통하여 본인이 생각했던 의문을 해결하였고, 부족한 내용이 있다는 것을 깨달아, 직접 실험을 통하여 진행하게 됩니다. 그리고 이 실험을 바탕으로 데

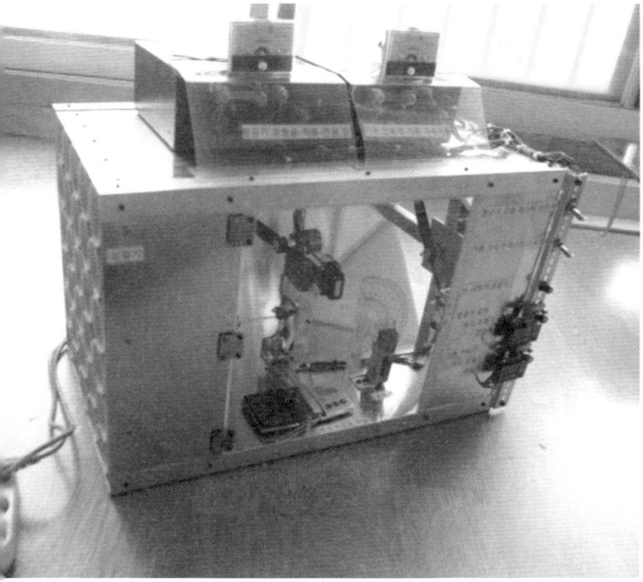

풍동 실험 장치의 전체 모습과 제작 중인 황세현 군의 모습

이터를 정리해 최종 결론을 얻게 됩니다. 이 과정에서도 세현이의 수학적 능력이 많은 도움이 되었습니다.

여러분이 학교에서 배우고 있는 과목들이 종합적으로 도움이 된다는 것을 알 수 있을 것입니다. 우리가 사회에 나가기 전에 여러분들이 다양한 경험과 공부를 해야 하는 것도 같은 의미입니다.

이 과정을 통해 처음에 가졌던 의문이 내가 진행한 연구 과정을 통하여 나의 결론으로 만들어지는 순간이 오게 됩니다.

여러분도 의문을 풀어보고 싶지 않으세요? 지금 도전하십시오.

전국 과학 전람회

출품자: 보성 고등학교 황세현
지도 교사: 보성 고등학교 정호근

P factor 토크의 크기와 이로 인한 항공기 조작에 관한 연구

연구 내용

1. 탐구 동기

항공기에 대한 공부를 하던 중 P factor 때문에 쌍발기에서 왼쪽 엔진의 고장이 오른쪽 엔진의 고장보다 더 위험하다는 사실을 알게 되었다. 실례로 P factor와 측풍의 영향으로 뉴욕에서 2010. 5. 20에 SR22의 착륙 사고가 있었다. 보다 깊게 알아본 결과 P factor에 대한 정량적 값이 없기에 P factor에 대한 연구가 미진해 보였고 항공기의 안전에도 문제가 있을 것 같아 이 연구를 진행했다.

2. P factor란?

가. 프로펠러 항공기 안에서 나타난다.

나. 과 선회 경향의 4가지 원인 중 하나다.

다. 프로펠러 디스크 위의 추력의 비대칭성이 원인이다.

3. 탐구 과정

가. 선행 연구: P factor 계산기의 제작

1) 제작 및 결론 도출 과정

가) 가정을 통해 이론적으로 프로펠러의 회전과 항공기의 비행을 모델링한다.

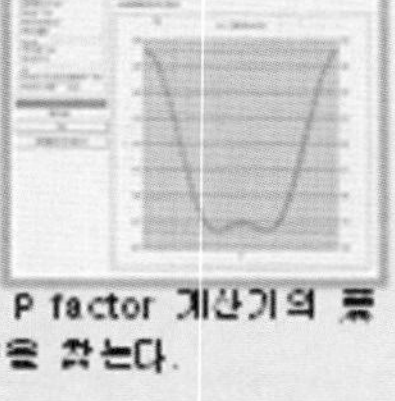

나) 양력 계수가 P factor와 연관이 있어 컴퓨터 프로그램을 제작했다.

다) 연쇄적으로 숫자들을 대입해서 각 요인의 p P factor 계산기의 P factor에의 영향을 찾는다.

2) 탐구 결과

가) 마찰을 극복하기 위해서 필요한 풍동 실험의 규모를 단면적이 1400㎠인 풍동으로 추산해 이 크기로 풍동을 제작했다.

나) 풍동 실험의 결론을 예측할 수 있었다.

나. 실험

1) 실험 #1: 풍동 실험

가) 목적

(1) P factor 계산기의 출력 값이 유효한지 밝힌다.

(2) 수학적 모델링에서 벗어나서 독립적으로 P factor 토크의 값을 측정한다.

나) 실험 과정에서 설정한 요인

[illegible]	[illegible]	[illegible]	[illegible]

2) 실험 #2: Flight control 실험

실험번호	#2-1	#2-2
목적	앞서 구한 P factor 토크의 크기와 P factor의 항공기에의 영향 사이의 관계를 밝히고 쌍발기에서 P factor를 알아본다.	
	단발기에서 P factor의 영향 측정 일반적인 비행시 P factor의 영향 측정	쌍발기에서 좌측 또는 우측 엔진의 고장이 각각 항공기의 운동에 끼치는 영향 측정

4. 연구 결과

P factor를 증가시키는 요인들 3개를 찾아냈으며 정량적인 크기까지 구했다.

5. 활용성

Fly-by-wire 컴퓨터의 개선, 향상된 Yaw damper의 제작, 조종사 교육 등 P factor의 보정을 통해 프로펠러 항공기의 안전에 기여할 수 있다.

6. 연구 과제

가. 항공기의 무게 중심과 프로펠러 사이의 상대적 위치가 P factor에 어떤 영향을 미치는지 계산한다.

나. 실제 항공기를 이용한 시험에서 얻어진 실험값과 비행 시뮬레이션에서 확보한 데이터의 비교, 검증이 필요

☆ 수상소감 Q&A ☆

1. 대통령상이라는 소식을 들었을 때, 첫 기분은 어땠는지?

저는 세현이가 연구 활동에서 겪었던 어려움 및 실험에서의 고생을 누구보다도 잘 알고 있었습니다. 바로 옆에서 지켜보았기 때문이죠. 세현이의 연구가 대통령상으로 결정되었다는 소식을 들었을 때 정말 기뻤습니다. 지금까지 열심히 연구를 진행해온 세현이의 노력이 좋은 보상을 받았다고 생각했고요. 특히 밤이나 낮이나 세현이의 옆에서 함께한 부모님들의 노력도 결실을 보았다고 생각했습니다

2. 왜 대통령상을 받을 수 있었다고 생각하는지?

세현이는 영재입니다. 학생 스스로 연구 주제를 설정하고, 연구 활동을 진행할 만큼 능력이 뛰어난 학생입니다. 학생 스스로 관찰을 통해서 문제를 찾았고, 이 문제를 끊임없는 탐구과정을 통해 해결하였습니다. 이러한 영재성에 밤, 낮 없는 학문에 대한 노력이 대통령상을 받을 수 있는 원동력이 되었다고 생각합니다. 또 영어, 수학, 과학 등의 교과목을 꾸준하고 열심히 공부한 것이 연구 활동의 밑바탕이 되었습니다. 지금도 공부하고 있는 세현이를 보면 그때 제 생각이 틀리지 않았음을 새삼 느끼고 뿌듯해집니다.

3. 이 대회에 참가하는 학생 입장에서 좋은 점은?

연구 활동이라는 것은 많은 시간과 노력이 필요합니다. 또 어린 학생이 감당하기에는 어려운 내용이 많이 있습니다. 그러나 이러한 연구 경험은 우

리가 맞닥뜨리는 다양한 문제 해결의 기본 소양이 됩니다.

전국과학전람회나 다른 과학대회들은 참가 학생의 사고력과 문제해결능력을 크게 성장시킵니다. 그리고 가정에서도 가족과 함께 주제를 중심으로 대화하고, 고민을 나눔으로써 서로를 이해하고 돕는 소중한 시간을 가질 수 있습니다.

4. 좋은 결과를 받기 위해서는?(나만의 특별한 노하우)

가장 중요한 것은 내가 궁금해하는 문제에 대한 리스트를 작성하는 일입니다.

특히 연구 주제는 하루아침에 만들어지는 것이 아니라는 것은 누구나 다 아는 사실입니다. 연구 주제는 연기와 같아서 보이다가도 사라집니다. 우리는 생활하면서 순간적으로 생각이 떠오르는 때가 있습니다. 하지만 그 시간이 지나면 잊어버리고 맙니다. 생각이 떠오를 때마다 잘 적고, 내가 알고 싶은 내용을 잘 메모하는 것이 중요합니다.

메모하고, 정리하십시오! 이러한 과정을 통해 다양한 주제에 관한 관심과 궁금증, 호기심을 가질 수 있습니다.

5. 흥미진진한 에피소드, 주제를 발견하게 된 숨은 이야기 등

세현이는 항공에 관심이 많았습니다. 항공에 관한 관심뿐만 아니라 게임 속에서 다양한 아이디어를 얻었습니다. 일반적으로 게임을 하면 거의 모든 학생이 부모님들께 꾸중을 듣습니다. 부모님께 부탁드리고 싶은 말은 혼내기 전에 이 게임에서 배운 교훈을 질문해 보았으면 합니다. 즉 아이들의 행동과 학습에서 배운 점, 그리고 생각한 점을 함께 나누는 시간이 필요하다는 것입니다. 게임을 하면서 연구 주제를 찾는 친구? 아마 매우 찾아보기 힘든 경우이겠지만, 세현이는 영재성을 갖춘 친구였고, 과제 집착력과 창의력이 매우 뛰어난 친구였기 때문에 이런 일이 가능했다고 생각합니다. 만일 게임을 하지 못하게 강요했다면 어땠을까요?

6. 대통령상 수상 후 학생의 진로 변화

전국과학전람회는 여러분이 학교에서 배우는 과목들이 종합적으로 도움이 되어 좋은 결실을 맺을 수 있는 과학대회입니다. 우리가 사회에 나가기 전에 여러분들이 다양한 경험과 공부를 해야 하는 것도 같은 의미입니다.

이렇게 성장한 세현이는 어떻게 변화했을까요? 우선 훌륭한 미래의 연구자로 성장하고 있습니다. 2021년 현재 세현이는 고려대학교 기계공학과를 졸업하고, 대학원에서 공부를 하고 있습니다. 스스로 문제를 찾고, 공부하는 태도는 세현이에게 지속적으로 연구할 수 있는 힘을 주었고, 자신이 도전했던 일이 지금의 진로가 되었습니다.

6. 그 밖에 하고 싶은 이야기

전국과학전람회에 도전하십시오! 저도 학창 시절로 다시 돌아간다면 꼭 참여하고 싶습니다. 과학전람회, 심장이 뛰게 하는 대회입니다!

5. 제58회 전국과학전람회 학생부문 지구과학분야 대통령상 – 학생 김현진·윤성욱/지도교사 김주휘

"백제의 미소는 어떤 비밀을 가지고 있을까?"

핵심 총평

백제의 미소 서산마애삼존불상은 아름다운 미소를 가진 부조불상이라는 사실이 널리 알려져 있습니다. 매년 많은 관광객들이 이것을 보기 위해 찾아오지요. 이 작품은 아름다운 불상의 미소를 과학적으로 정의하고 왜 그런 현상이 나타나는지 설명한 점에서 높은 평가를 받았습니다. 태양의 방위각과 고도를 계산하고, 모형 실험 장치를 제작하여 실제로 실험하였습니다. 그 결과 태양의 특정 고도와 방위각에서 불상이 환하게 웃는 모습을 발견할 수 있었습니다. 우리 전통 문화재 속에 숨겨진 과학이야기를 발견했다는 점에서 아주 높은 평가를 받았습니다.

여러분 백제의 미소를 본 적 있나요? 충남 서산시 운산면 가야산 계곡 절벽에 새겨진 불상 하나가 있습니다. 이 불상은 바위를 깎아 환하게 웃고 있는 부처님을 조각했다고 해서 서산마애삼존불상이라고 불립니다.

서산의 9경 중 하나인 서산마애삼존불상은 국보 제84호로 신기하게도 빛의 방향에 따라서 부처님의 표정이 다르게 보인다고 알려져 있습니다. 우리는 '서산마애삼존불상의 미소가 다르게 보이는 이유가 빛과 관련 있지 않을까?'라고 생각하여 탐구를 시작하게 되었습니다.

먼저 서산마애삼존불상을 방문하여 하루 동안 백제의 미소를 관찰하였습니다. 하루 동안 관찰한 결과, 입 꼬리 주변 그림자와 코 아래 그림자가 달라진다는 사실을 알게 되었습니다. 그리고 2개월 간격으로 일정한 시각에 관찰했을 때에도 불상의 미소는 그림자 때문에 다르게 보였습니다. 그런데 여기서 문제가 생겼습니다. '미소가 다르다', '웃는 표정이 다르다'는 주관적인 느낌인데 이를 어떻게 '과학적으로 데이터화하여 분석할 수 있을까?' 하는 고민이 생겼습니다. 이를 해결하고자 '웃는다'의 기준을 찾기 위하여 여러 사진을 분석하였습니다. 그 결과, 코 아래 그림자와 입 꼬리의 그림자 길이가 웃는 표정을 좌우한다는 사실을 발견했습니다.

그림자 길이가 영향을 주었지만 서로 다른 방향에서 찍힌 사진의 측정한 길이로 일반화하기에는 어려움이 있었습니다. 바로 그때 과학대회에 많은 노하우를 가지고 계신 선생님이 사진을 보시더니 '비율을 측정하는 것이 어떨까?'라는 조언을 주셨습니다. 이에 탐구를 진행해 '코 아래 그림자 비율'과 '입 꼬리 그림자 비율'을 구하는 공식을 만들고, 웃는 표정의 비율 값을 찾았습니다.

실제 서산마애삼존불상으로 실험 진행은 어렵기 때문에 서산시청에서 제작한 3D스캔 자료와 우리가 측정한 얼굴 부위별 비율 자료를 활용하여 클레이 모형을 제작하여 실험했습니다. 그 결과, 태양고도 30°, 방위각 150° 일 때 백제의 미소가 가장 잘 보였습니다. 이는 동짓날 11시경의 태양 고도로 인근 보원사지 절터 스님께서

1506 백제의 미소는 어떤 비밀을 가지고 있을까?

작품요약설명

백제의 미소라 불리는 서산마애삼존불상의 웃는 표정을 수치화 시켜 가장 잘 볼 수 있는 조건을 찾고 태양고도와 방위각에 의한 그림자를 고려하여 불상을 제작한 우리 조상의 과학적 우수성을 밝힘.

• 출 품 자 : 백제의 미소
김현진(충남 명지초등학교)
윤성욱(충남 명지초등학교)
• 지도교사 : 김주휘(충남 명지초등학교)

연구내용

❶ 탐구 동기 및 목적

❷ 사전 탐구

[사전 탐구] 서산마애삼존불상의 기초 탐구

❸ 탐구 내용 및 결과

[탐구1] 웃는 표정의 기준 탐구

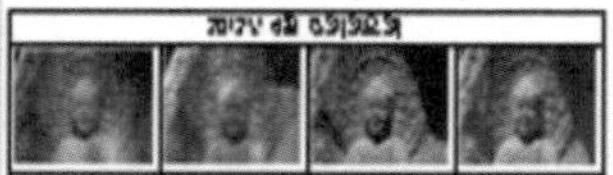

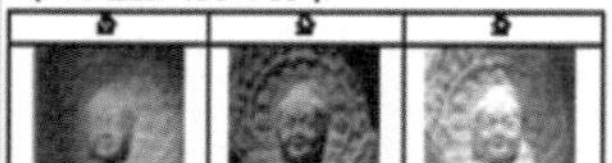

탐구 결과	① 해가 중 11시경 불상을 볼 때 가장 잘 보인다 ② 코 하와와 입 꼬리 그림자의 길이가 각각 다르게 보인다 ③ 코 하와와 입 꼬리 그림자의 길이를 웃는 기준으로 정한다 ④ 코 하와 그림자 비율이 33%, 입 꼬리 그림자 비율이 46%일 때 웃는 표정의 기준 값으로 정한다

[탐구2] 백제의 미소를 볼 수 있는 조건 탐구

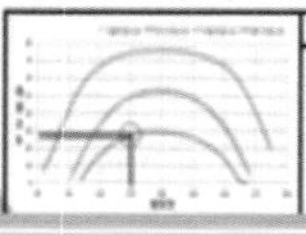

탐구 결과	① 태양 고도가 30°일 때 웃는 표정의 기준 값과 거의 일치한다 ② 태양의 방위각이 130°일 때 웃는 표정의 기준 값과 거의 일치한다 ③ 태양의 고도가 30°, 방위각이 130°일 때 백제의 미소를 볼 수 있다 ④ 백제의 미소는 동짓날 11시에 관찰할 수 있다

[탐구3] 불상의 위치와 미소와의 관계 탐구

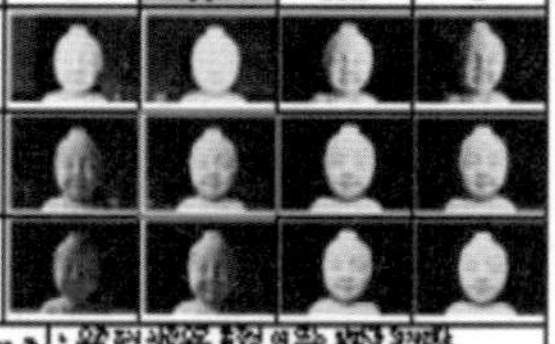

❺ 탐구 결론

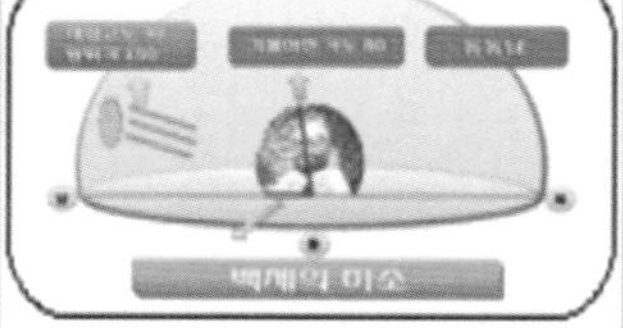

❻ 전망 및 제언

말씀하신 가장 아름다운 미소가 보이는 시각과 일치했습니다.

즉, 우리 조상들은 동짓날 11시경에 백제의 미소가 잘 보이게 하기 위하여 태양고도와 방위각을 고려하여 불상을 80° 로 기울이고, 바라보는 방향을 동동남으로 배치하였다는 사실을 알게 된 것입니다.

☆ 수상소감 Q&A ☆

1. 대통령상이라는 소식을 들었을 때, 첫 기분은 어땠는지?

수업이 끝날 무렵 전화벨이 울렸습니다. 충남과학교육원 담당 연구사님의 전화였습니다. 연구사님의 첫 마디가 생각이 납니다. "축하합니다!"라고… 처음에는 무슨 소리인지 몰랐습니다. 대통령상이라는 소식에 '우리가 받아도 되는 상인가?' 하는 의문이 든 동시에 그동안 함께 고생한 같은 학교 다른 팀 선생님과 학생들에게 미안한 마음이 들었습니다. 학생들에게 수상 여부를 알렸을 때도 실감이 나지 않았습니다.

2. 왜 대통령상을 받을 수 있었다고 생각하는지?

'웃는다'의 기준을 태양고도와 방위각 그리고 그림자의 길이를 계산해 찾은 방법이 흥미롭지 않았나, 생각해봅니다. 발표대에 설치한 반구 모형 속에 백제의 미소 모형을 넣고 손전등을 이용하여 태양고도 방위각에 따라 달라지는 그림자의 모습을 보여준 것도 심사위원들에게 호평을 받은 것 같습니다. 무엇보다 학생과 함께 밤늦게까지 고생하고, 열심히 준비한 덕이 아닐까 싶습니다.

3. 이 대회를 참여하는 학생(또는 학부모, 교사) 입장에서 좋은 점은?

탐구를 시작할 때 제대로 방향을 잡지 못해 우왕좌왕 했던 기억이 납니다. 탐구 방향 수립부터 보고서 작성, 그리고 발표까지 모든 과정을 학생과 함께하면서 창의적인 아이디어가 솟아나고 과학적 탐구능력이 신장되는 것을 느꼈습니다. 그리고 탐구를 진행하는 과정에서 우리의 작품뿐만 아니라 다른 팀의 작품을 통하여 더욱더 성장하는 기회를 제공받을 수 있었습니다.

과학 분야의 전문가들과 소통하며 연구할 수 있어 전문성이 커지는 기회가 되었습니다. 무엇보다 수상했을 때 따라오는 상금은 보너스가 아닐까요?

4. 좋은 결과를 받기 위해서는?(나만의 특별한 노하우)

대부분의 팀들이 탐구결과를 도출하기 위한 과정 속에서 시간과 노력을 많이 기울입니다. 이들 작품 속에서 돋보이려면 대면 발표 심사에서 우리가 그동안 탐구한 모든 과정을 체계적이고 흥미롭게 구성하여 보여주는 것이 좋다고 생각합니다.

우리 팀도 실제 빛의 방향에 따른 표정의 변화 모습을 보여주기 위하여 발표대 위에 빛 방향 변화 모형을 제작하고, 학생들이 심사 당일 손전등을

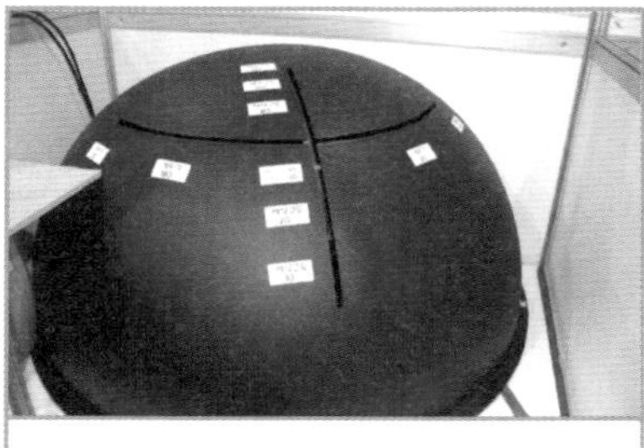

빛 방향 변화 모형

출품작 모형 내부의 모습

모형 내부 기울기 조정

발표장 전시

이용하여 시연하고 내부 변화 모습을 외부 모니터로 출력하여 심사위원들이 모니터링하도록 했습니다. 그리고 모형 내부를 궁금해할 것 같아 투명 아크릴 모형도 만들었습니다. 그 결과 타 분야 심사위원도 관심 있게 지켜보았던 기억이 떠오릅니다. 여러분이 직접 탐구한 결과를 그 자리에서 보여줄 수 있다면 최대한 그것을 활용하는 것이 최고의 전략이라고 생각합니다.

5. 흥미진진한 에피소드, 주제를 발견하게 된 숨은 이야기 등

대면 심사 하루 전의 일입니다. 전국의 모든 팀들이 발표물 전시를 위하여 하루 전에 모두 모입니다. 처음 가는 대회장이기에 준비물을 꼼꼼이 확인하고 출발했습니다. 드디어 대회장에 도착하고, 많은 팀들이 준비 중이었습니다. 선배 선생님의 조언을 받아 준비를 빨리 끝내고 학생들과 종료 시간 직전까지 발표 연습을 했습니다. 마침내 6시가 되고, 마감 방송과 동시에 모든 팀들이 썰물처럼 나가게 되었죠.

다음날 대회 심사 전 잠깐 들어갈 시간이 있어 학생들과 최종 리허설을 하러 갔습니다. 학생들이 깜짝 놀란 목소리로 "선생님, 손전등이 없어졌는데요?", "원래 여기 레일에 있어야 하는데……". 큰 일 난 것이죠. 가장 중요한 손전등이 없으면 우리가 보여줄 것은 없어지게 되기 때문에 순간 식은땀이 났습니다.

다행히 대전 지리를 잘 아시는 다른 팀 학부모님께서 손전등을 공수해 오셔서 발표를 마무리했던 기억이 납니다. 손전등을 여분으로 준비했더라면 당황해하지 않을 일인데 말이죠. 여러분도 대회장에 가기 전 만일을 대비하여 준비해서 우리와 같은 일을 겪지 않았으면 좋겠습니다.

6. 그 밖에 하고 싶은 이야기

얼마 전 함께했던 학생이 대통령상 받고 다녀왔던 해외 캠프가 기억에 남는다며 연락 왔습니다. 그러면서 중국 음식이 입에 안 맞아서 밤에 라면을 끓여먹은 추억도 이야기 나누었습니다. 그리고 그 때 밤늦게까지 고생했던 이야기도 함께…. '시작이 반이다'라는 말이 있죠? 여러분이 지금 시작하려고 하는 과학대회의 소중한 경험이 쌓여 여러분의 삶에 도움이 되길 바랍니다.

6. 제62회 전국과학전람회 교원부문 물리분야 대통령상 - 교사 이승택

"메이커 활동 및 창의적 실험에 활용할 수 있는 빅데이터 MBL 실험장치 개발 및 적용"

◉ 핵심 총평 ◉

이 작품은 각종 센서를 연결하여 과학 실험을 수행할 수 있는 장치를 개발한 것입니다. 다양한 센서들을 보드에 연결하여 조도, 습도, 온도, 기체 농도 등 다양한 환경을 데이터로 수집할 수 있는 오픈소스 기반의 보드를 새롭게 개발한 점을 높게 평가받았습니다. 이 선생님은 기술자와 협업하여 약 3년 정도의 시간을 투자하였다고 하는데요. 노력도에서도 높은 점수를 받은 것 같습니다. 이 작품에 사용된 기술은 현재 특허 등록이 되어 있다고 합니다. 교원 작품을 준비 중이라면, 실험기구 개발에 도전해보는 것도 좋은 방법입니다.

이 작품은 각종 센서를 연결하여 실험을 수행할 수 있는 장치를 개발한 것으로 다양한 센서를 보드(인터페이스)에 연결하여 온도, 조도, 습도, 기압, 기체 농도 등 여러 실험 데이터를 수집하는 실험 장치입니다. 아이디어 발상부터 완성하는 데까지 약 3년 정도의 시간이 걸렸으며, 마지막 1년 동안은 전문 기술자의 도움을 받아 시제품을 완성할 수 있었습니다. 이런 장기간의 연구 내용은 사진, 보고서와 실험일지 등을 통해 기록을 남겼는데요. 높은 창의성과 함께 오랜 기간 노력한 점을 크게 인정받아 대통령상을 수상할 수 있었습니다.

이 작품에서 개발한 '실험 데이터 수집 장치 및 방법'은 특허 등록[8]을 완료했습니다. 특허에 대한 자세한 내용은 특허청의 '특허정보검색서비스(키프리스, http://kportal.kipris.or.kr)'에서 찾아볼 수 있습니다. 저는 대통령상 수상자에게 주어지는 해외 연수를 포기하고, 국립중앙과학관으로부터 특허 출원비를 충분히 지원받는 것을 선택했습니다.

8 발명의 명칭 : 측정 데이터 수집 장치 및 방법 / 출원인 : 이승택 / 등록번호(일자) : 1019144450000(2018.10.29)

이 작품은 교원 및 일반부 작품인데요. 학생 없이 교사가 자신의 아이디어로 출품할 수 있는 부문입니다. 학생을 가르치면서 필요한 실험 도구를 직접 개발하였거나, 과학자처럼 자연과 사물을 대상으로 연구를 수행하여 출품하는 분야라고 할 수 있습니다. 일반인도 참가할 수 있지만, 대부분 교사가 참여합니다. 그래서 과학 교육에 필요한 실험기구, 교육 자료와 같은 작품이 많이 출품된다고 할 수 있습니다. 과학에 관심이 많은 교사라면, 학생을 가르치면서 고민했던 일에서 아이디어를 찾는 것도 좋습니다. 새로운 것을 발견하고 연구하는 일을 좋아하는 교사에게는 더없이 좋은 기회가 될 것입니다.

이 작품을 이해하기 위해서는 몇 가지 개념을 알아야 하는데요. 'MBL 실험장치'와 '아두이노'입니다. 우선, 작품 제목에 등장하는 'MBL 실험장치'는 학교에서 주로 사용하는 센서 기반의 교육용 실험 장치를 말합니다. 아래의 사진 모습과 같이 센서, 인터페이스와 컴퓨터를 서로 연결하여 환경 데이터를 측정 및 수집하여 실험할 수 있는 장치입니다. 즉 과학 실험에 맞춤형으로 제작된 센서 기반의 실험 장치라고 할 수 있습니다. 'MBL'은 'Microcomputer Based Laboratory'를 축약한 단어입니다. 이 작품은 'MBL'을 값싸고 경제적으로 활용할 수 있도록 개선한 것입니다.

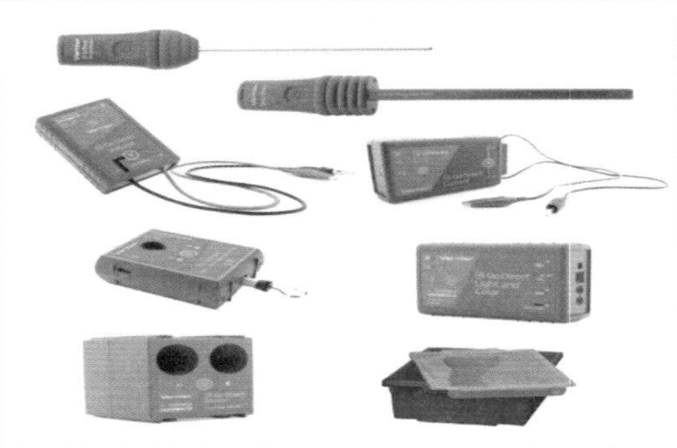

MBL 실험장치(버니어 사)

아두이노 사진

둘째, '아두이노(Arduino)'에 대해 설명하겠습니다. 최근 학교 현장에 메이커 교육과 소프트웨어 교육이 도입되면서, 아두이노가 학교 수업에 많이 사용되기 시작했습니다. 아두이노는 오픈 소스(Open Source: 무상으로 공개된 소스코드 또는 소프트웨어) 기반의 실험 장치로, 누구나 쉽게 저렴한 가격에 보드를 구입하여 활용할 수 있습니다. 특히 어려운 코딩을 쉽고 편리하게 처리할 수 있는 장점이 있습니다. 코딩 전문가가 아니더라도 누구나 코드를 장치에 내려 받아 수정하는 것만 배우면 어렵지 않게 조작할 수 있습니다. 아두이노가 가진 이런 장점을 'MBL'에 결합하여 발전된 MBL 과학 실험

완성작품(센서가 연결되지 않은 상태의 인터페이스)

장치를 개발하였습니다.

이 사진은 완성된 인터페이스의 모습인데요. 센서가 연결되지 않은 상태의 모습입니다. 시중에 판매되는 MBL 장치와는 달리 SD 카드를 삽입할 수 있는 슬롯을 부착하였으며, 센서로 측정한 실험 데이터를 SD카드에 기록하여 수집할 수 있도록 개선하였습니다. 그리고 총 8개의 커넥터(양쪽의 하얀색 단자)를 통해 8개의 센서를 동시에 연결할 수 있도록 구성하였습니다.

예를 들어 이 장치를 '광합성 실험'에 사용할 수 있는데요. 식물을 넣은 상자에 온도, 습도, 조도, 산소, 이산화탄소 센서 등을 연결하여, 각각의 센서들이 오랜 시간 수집한 데이터를 SD카드에 기록하여 저장할 수 있습니다. 보조 배터리 또는 건전지를 연결하여 사용할 수 있는데, 배터리 수명에 따라 매우 긴 시간 데이터를 저장

식물의 광합성 실험에 적용한 모습

할 수 있습니다. 짧게는 하루에서 길게는 수개월까지 데이터를 기록하여, 식물이 어떤 환경에서 생장하고 있는지 관찰하고, 기록된 데이터를 분석하여 그 변화를 탐구할 수 있습니다. 결국, 식물의 생장과 재배를 관리하는 스마트 농장과 같은 실험을 체험할 수 있는 것이죠.

그 밖에도 온도 센서, 미세먼지 센서, 조도 센서, 습도 센서, 자석 센서, 자이로 센서 등 시중에 판매되는 다양한 센서를 추가로 연결하여 사용할 수 있습니다. 기존의 MBL 실험 장치보다 매우 경제적입니다. 저렴한 가격의 센서를 추가 연결하여 다양하고 창의적인 실험을 구현할 수 있는 것은 매우 큰 장점입니다. 다만 이 작품은 시제품 수준에서 구현된 것이라서, 실제 제품화하는 데는 한계가 있었습니다. 추가 연구와 추가 자금의 투자가 필요합니다. 교사라는 직업의 한계로 직접 제품화하지는 못했으며, 국립중앙과학관에서 과학캠프에 사용할 목적으로 소량만 개발하여 활용하였습니다.

비록 시제품이지만, 학교 안에서 수행할 수 있는 정형화된 실험의 한계를 넘어서는 새로운 아이디어를 제안했다는 점에서 큰 가치를 지닙니다. 기존의 실험 장치와 비교하여, 확장성, 경제성, 호환성, 휴대성, 범용성 등을 보완한 것으로, 학교 수업에서 과학 실험, 소프트웨어 교육, 메이커 활동 등을 실시하는 데 큰 영감을 제공하였습니다.

작품 연구과정을 조금 더 소개하겠습니다. 자세한 내용은 국립중앙과학관 홈페이지에서 보고서를 내려 받아 확인할 수 있으니, 참고 바랍니다.

전국과학전람회는 좋은 아이디어를 발견하는 것이 매우 중요합니다. 대회에 출품하는 작품의 특성을 이해하기 위해서는 작품 전시회 관람을 통해 최근 출품되는 작품의 경향을 파악할 필요가 있습니다. '층간소음'이 사회적인 이슈가 되는 시기에는 '층간소음' 해결에 도움이 되는 바닥 재료, 완충 장치 등의 작품이 많이 출품됩니다. 최근 몇 년간은 소프트웨어 교육이 학교 현장에 도입되면서, '아두이노' 등 코딩 도구를 활용한 작품이 많이 출품되기도 했습니다. 이 작품은 '아두이노'가 국내에 대중화되기 시작한 초기에 출품되었기 때문에 심사 당시 매우 신선하게 받아들여졌습니다. 남들보다 빨리 새로운 것을 작품에 접목했기 때문에 신선함은 창의성으로 인정받을 수 있었습니다.

앞에서는 작품의 주제를 어떻게 정했으며, 어떤 가치를 높게 평가받았는지에 대하여 주로 설명했습니다. 연구 시작 단계에서 매우 중요한 '선행연구 분석 방법'에 대해 조금 더 설명을 해보겠습니다.

연구를 시작하는 단계에서는 반드시 인터넷 검색을 통해 유사한 출품 작품, 논문, 특허 등을 찾아보아야 합니다. 기존에 발표된 유사한 연구들과 비교 분석하여 차별화된 연구 방향을 찾아야 합니다. 이 작품은 선행연구 분석을 통해 아래와 같이 차별화된 연구 방향을 정할 수 있었습니다.

"아두이노가 가진 장점을 MBL에 적용하고, 각각의 단점을 보완할 필요가 있다. MBL 실험장치를 아두이노와 같이 저렴한 도구로 개선할 필요가 있으며, 센서의 확장성을 좋게 하며, 장시간의 실험이 가능하도록 빅데이터 수집장치로 개선할 필요가 있다."

과거에 전국과학전람회에서 수상한 작품은 아래와 같았으며, 모두 읽어보면서 제 작품과의 유사점, 차이점을 명확히 발견하는 과정을 거쳤습니다. 찾은 선행연구들은 모두 MBL을 적용하여 실험을 수행한 것으로, MBL 실험 장치 자체를 개선한 연구들은 아니었습니다. 'MBL'이 2000년대 초반에 국내에 도입되기 시작하였으니, 그때부터 줄곧 학교 과학 실험에 적용한 연구들이 지속적으로 출품되었다는 것을 알 수 있었습니다. 따라서 '아두이노'와 같은 오픈소스 개념을 적용하여 한 차원 업그레이드한 것은 전혀 다른 연구가 될 수 있었습니다.

연도	분야	제목
2013	화학	MBL 센서를 이용한 산화 — 환원 반응의 정량적 고찰에 관한 연구
2013	물리	음치탈출! MBL로 절대음감 찾기
2010	물리	MBL장치를 활용한 자기력/유도전류 측정 장치 개발
2005	물리	MBL을 활용한 음파의 간섭장치 개발
2004	물리	무선통신 적용 MBL 개발
2004	물리	가속도 방향과 크기 측정을 위한 MBL장치 개발
2004	물리	MBL을 이용한 생활속의 맥놀이 현상 탐구
2004	식물	MBL을 이용한 산성비의 PH가 식물에 미치는 영향

과거 'MBL' 관련 전국과학전람회 수상 작품

'아두이노' 관련 수상 작품은 아래와 같았으며, 전국과학전람회에는 2014년에 처음 관련 작품이 출품되었다는 것을 확인할 수 있었습니다. 제가 2014년에 처음 이 연구 주제를 발견하고 2016년에 출품하였으니, 아직 사람들에게 아두이노가 신선한 시기였다고 볼 수 있습니다. 아무리 좋은 아이디어라도 때가 있다는 점을 강조하고 싶습니다.

연도	분야	제목
2015	산업 에너지	오픈소스 기반의 HW와 SW를 융합한 Maker 창작문화 활성화 방안에 관한 연구
2015	환경	아두이노야, 추적식 태양광발전으로 미세먼 공기정화를 부탁해!
2014	물리	아두이노를 이용한 중력가속도 측정

과거 '아두이노' 관련 전국과학전람회 수상 작품

학술 검색을 통해 아래의 논문들을 찾을 수 있었습니다. '아두이노'가 2014년부터 전국과학전람회에 등장했던 것과 같이 논문에도 2014년부터 등장하기 시작했습니다. 지금까지 검색한 모든 보고서와 논문을 내려 받아서 꼼꼼히 살펴보고 분석하여 연구의 방향을 정할 수 있었습니다.

연도	분야	제목
2015	엄기순	**피지컬 컴퓨팅 교육을 위한 보드 디자인**, 한국컴퓨터교육학회, 한국컴퓨터교육학회 학술발표대회논문집 19권 2호
2015	이승현	**데이터 로깅을 이용한 피지컬 컴퓨팅 기반의 과학적 사고를 위한 스팀교육**, 한국컴퓨터교육학회, 한국컴퓨터교육학회 학술발표대회논문집 19권 1호
2014	서정현	**아두이노(Arduino)를 이용한 피지컬 컴퓨팅의 교육적 활용 방안 연구**
2014	이상진	**피지컬 컴퓨팅에서 아두이노 실험 교육을 통한 MBL 인터페이스 대체효과**, 컴퓨터교육학회 학술발표대회논문집 18권1호

'아두이노' 관련 논문 검색 결과

분석을 완료하여 최종적으로 얻은 연구의 방향은 다음의 표와 같습니다. 이렇게 선행연구 분석을 충분히 수행함으로써, 작품의 연구 및 제작 방향을 좀 더 명확하게 할 수 있으며, 연구 기간, 노력, 비용 등을 쉽게 산출할 수 있습니다. 연구한 과정과 세부적인 내용은 전문적인 기술 내용이 많아서 보고서를 내려 받아 참고하기 바랍니다.

전국과학전람회 수상작 검색 결과	논문 검색 결과
MBL을 활용하여 다양한 실험에 적용한 사례가 있다. 특정 실험에 잘 맞는 MBL을 개발한 사례도 있었다. 하지만, 다양한 실험에 활용 가능한 범용성 장치를 개발한 사례는 없었다.	'한국컴퓨터교육학회'에서 논문이 지속적으로 발간되었으며, 아두이노를 과학 실험교육에 활용한 사례를 제시하고 그 경제성을 설명하고 있다. 하지만 아두이노는 코딩을 해야 하는 어려움이 있다.

연구 방향 설정

본 작품은 기존의 MBL이 가지는 단점을 보완하고, 아두이노와 같은 오픈 소스가 가지는 경제성이라는 장점을 적용하여, 신개념 MBL 실험장치를 고안하고자 하였다. 즉, MBL의 장점과 아두이노의 장점을 융합하고자 한 것이다.

☐ 본 연구의 차별점

- MBL과 아두이노의 장점을 융합하고자 함
- 다양한 물리 센서를 조합하여, 창의적인 실험 설계가 가능한 장치를 고안함
- 코딩 과정 없이 누구나 쉽게 센서를 조합하여, 창의적인 과학 실험을 설계할 수 있도록 함
- 과학 실험 환경에서 메이커 활동에 적합한 교구를 개발하고자 함

선행연구 분석 결과 정리

아래의 사진은 처음 완성했던 초기 작품의 모습입니다. 5개의 센서를 인터페이스에 연결하여 데이터를 수집하는 것만을 간단하게 보여준 장치였습니다. 이 작품으로 충청남도교육청 대회(예선) 관문을 잘 통과할 수 있었습니다.

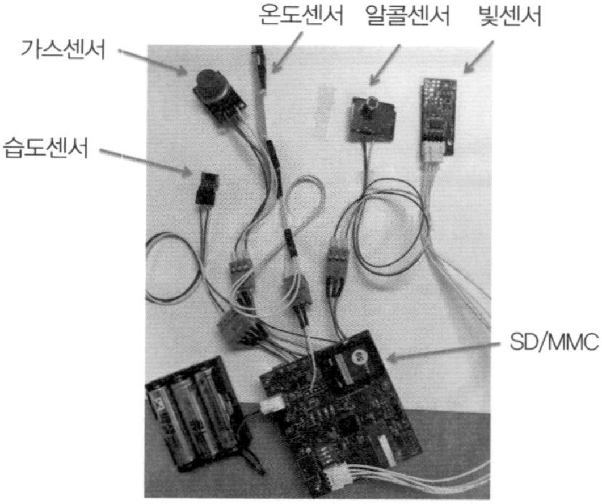

초기에 완성된 1차 작품

초기 작품에 아래와 같은 센서도 연결할 수 있도록 추가 연구를 진행했습니다. 여러 가지 실험에 장치를 적용하는 실험을 수행하였으며, 지속적인 연구를 통해 작품을 완성하여 출품할 수 있었습니다. 연구 내용 및 결과에 대한 자세한 사항은 작품 발표용 포스터(차트)와 작품 요약서를 통해 확인하시기 바랍니다.

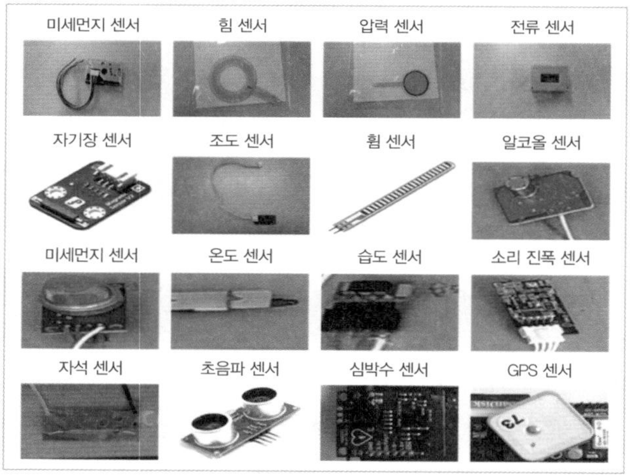

센서 목록

2101 메이커 활동 및 창의적 실험에 활용할 수 있는 "빅데이터 MBL 실험장치" 개발 및 적용

'빅데이터 MBL 실험장치'는 각종 물리 센서를 연결하여 실험 프로젝트를 수행할 수 있도록 만든 오픈 하드웨어다. SD카드에 TXT 파일로 데이터를 저장하며, 엑셀(EXCEL)을 이용하여 쉽게 분석할 수 있다. 기존의 MBL 실험장치에 비해 센서의 확장 범위가 넓으며, 장시간의 실험이 가능하다. 기존의 MBL에 비해 가격이 매우 저렴하다. 과학 탐구 프로젝트 등 메이커 활동, 소프트웨어교육에도 활용할 수 있다.

출 품 자 : 충남 천안동성중학교
교 사 이 승 택

연구내용

Ⅰ. 연구동기

- 인공지능과 바둑 대결로 촉발된 사회적 관심은 소프트웨어교육에 대한 수요를 유발했으며, 그것을 도입한 교수·학습 방법 개선을 재촉하고 있다.
- '2016 과학교육 종합계획'에 따르면, 과학수업 및 동아리활동에 메이커 활동 도입 계획을 제시하고 있다.
- 오픈소스 하드웨어가 급증하면서, 학교에서 피지컬 컴퓨팅을 쉽게 활용할 수 있는 환경이 조성되었다.
- 현 정부의 'Creative Korea' 정책의 중심에 메이커 운동이 들어 있으며, 무한상상실, 자유학기제를 통해 학교 교육과 접목을 시도하고 있다.
- 학교 현장에서 활용 가능한 창의적·경제적인 실험 도구가 필요하다. 기존의 MBL은 고가이며, 교과서에 제시된 실험에 국한되어 있어, 창의적 활용이 어렵다.

Ⅱ. 연구목적

1. 현재 사용되고 있는 MBL (Microcomputer Based Laboratory)의 한계점을 분석하여 보완한다.
2. 오픈소스인 아두이노(Arduino)의 장점과 MBL의 장점을 융합하여 물리 센서 기반의 새로운 장치를 개발한다.
3. 개선된 MBL을 사용하여 과학, 발명 등 프로젝트 학습 및 메이커 활동에 적용할 수 있는 사례를 발굴한다.

Ⅲ. 연구과제 및 일정

순	연구과제	일 정
1	선행연구 분석, 시제품 분석	2015년 3월 ~ 7월
2	회로설계, PCB 설계 작업	2015년 8월 ~ 12월
3	메인보드 수정 및 센서모듈 개발	2016년 1월 ~ 4월
4	과학실험 적용	2016년 4월 ~ (현재)

Ⅳ. 이론적 배경

1. MBL (Microcomputer Based Laboratory)
2. 사물인터넷 (Internet of Things)
3. 빅데이터 (Big Data)
4. 메이커 운동 (Maker movement)
5. 임베디드 시스템 (Embedded System)
6. 오픈 하드웨어 (Open Hardware) – 아두이노 등

<그림1> 기존의 MBL

<그림2> 아두이노

Ⅴ. 연구내용

1. 개발된 MBL 실험장치

<그림3> 개발된 빅데이터 MBL 실험장치

- 마이크로 프로세서 기반의 과학 실험 장치(MBL)임
- SD카드에 데이터 저장이 가능하며, 장시간의 실험을 통해 빅데이터 수집이 가능함
- 동시에 8개의 센서를 연결할 수 있음
- 기존 MBL에 비해 매우 저렴한 오픈 소스임
- Cording을 통한 SW교육 및 Maker 교구로도 활용 가능함

기존의 MBL 장치	빅데이터 MBL 장치
매우 비쌈	매우 저렴함 (경제성)
전용 센서를 사용해야 함	시중에 판매되는 다양한 물리 센서를 연결할 수 있음 (창의성)
Input 모듈만 있음	아두이노와 연동하여 Output모듈도 활용할 수 있음 (호환성)
상시 전원에 연결되어 있어야 함	건전지, 휴대폰 보조 베터리 등 다양한 전원과 호환이 됨 (휴대성)
짧은 시간 실험만 가능함	오랜 시간이 걸리는 실험에도 적용이 가능함 (장시간 실험)
빅데이터 수집이 불가능	빅데이터 수집이 가능함 (빅데이터)
확장성이 떨어짐	센서의 확장성이 뛰어남 (확장성)
실험 목적으로만 사용함	메이커 활동, SW교육, 공학 설계에도 활용이 가능 (범용성)

2. 적용

2-1. 운동량 분석 (GPS · 자이로 센서)

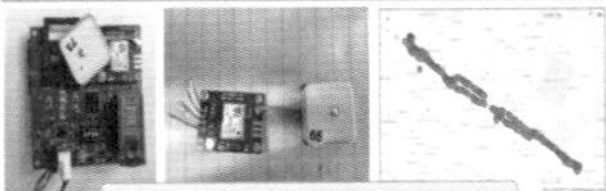

<그림4> GPS와 3축센서를 이용한 운동량 측정

2-2. 포물선 운동 실험의 응용 (자석 센서, 서보 모터)

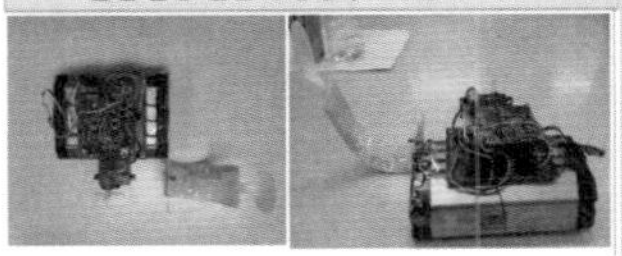

2-3. 광합성 실험 (온도·습도 · 조도 · 산소 센서)

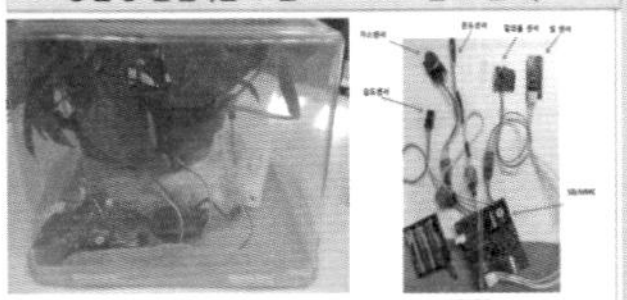

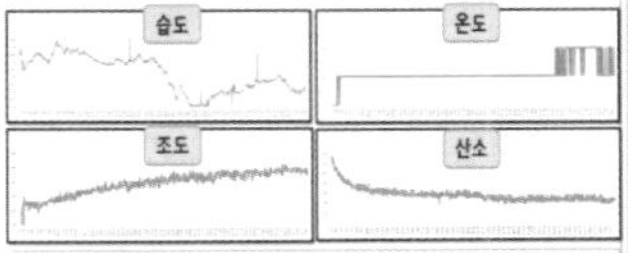

2-4. 새 집 관찰 프로젝트 (적외선 · 온도 센서)

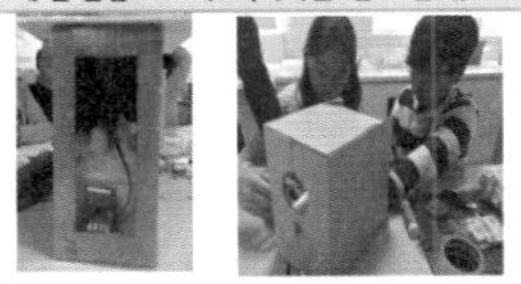

Ⅵ. 결과 및 제언

'빅데이터 MBL 실험장치'는 32Bit micro-CPU를 사용한 과학실험용 임베디드 시스템이다. 아두이노(arduino)와 같은 오픈 하드웨어이며, 다음의 장점이 있다.

기존 MBL보다 경제성, 창의성, 호환성, 휴대성, 확장성, 범용성 면에서 좋다. 시중에 판매되는 다양한 센서와 액츄에이터를 활용하여 프로젝트 실험을 할 수 있다. 또한, 데이터를 SD카드에 직접 저장하기 때문에 장시간의 빅데이터를 수집하는 실험도 할 수 있다.

과학실험 뿐만 아니라, 메이커 활동, 소프트웨어 교육에도 활용할 수 있다.

대통령상 수상작 작품요약서

작품명	메이커 활동 및 창의적 실험에 활용할 수 있는 "빅데이터 MBL 실험장치" 개발 및 적용		출품 분야	물리
			출품 번호	2101
구분	성명	소속		직위
출품자	이승택	천안동성중학교		교사

1. 연구 동기

기존의 MBL 실험장치는 고가이며, 유지보수 비용이 비싸다. 장시간 실험이 불가능하며, 창의적인 활용이 어렵다. 이런 점을 개선하고자 하였다. 특히 최근에 등장한 아두이노와 같은 오픈 하드웨어의 장점을 적용하고자 하였다. 시중에 판매되는 다양한 센서와 액츄에이터를 연결하여 원하는 실험을 설계하고 창작할 수 있다. 최근 확산되고 있는 메이커 활동의 교구로 활용할 수 있다.

2. 연구 내용 및 결과

가. 빅데이터 MBL 실험장치 개발

구성개념도	주요 특징
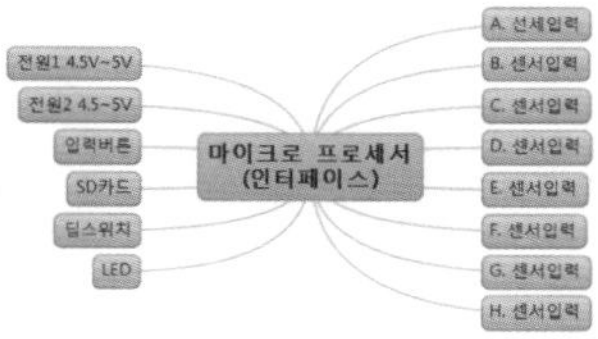	1) Micro Sensor 기반의 과학실험 기구임 2) 장시간의 빅데이터 수집이 가능하기 때문에, 기존의 MBL 실험장치로 수행할 수 없었던 실험이 가능하며, 데이터 마이닝, 분석 등의 고차원의 실험에 활용 가능함 3) USB 단자를 활용하여, 누구나 쉽게 연결·확장이 가능하며, 실험 목적에 맞게 다수의 센서를 연결할 수 있음 4) 메이커 활동, 발명, SW교육에 활용가능함 5) 코딩을 통한 소프트웨어 또는 메이커 교육도구로도 활용이 가능함

나. 개발품의 특징

기존의 MBL	빅데이터 MBL
• 짧은 시간 실험만 가능함	• 오랜 시간이 걸리는 실험에도 적용이 가능함(빅데이터 수집)
• 전용 센서를 사용해야 함	• 시중에 판매되는 다양한 물리 센서를 연결할 수 있음(확장성)
• Input 모듈만 있음	• 아두이노와 연동하여 Output모듈도 활용할 수 있음(OUTPUT 사용 가능)
• 상시 전원 사용	• 건전지, 휴대폰 보조 배터리 등 다양한 전원과 호환이 됨(전원의 호환성)
• 실험 목적으로만 사용함	• 메이커 활동, SW 교육, 공학 디자인에도 활용이 가능함(범용성)
• 가격이 비싸고 수리 비용이 비쌈	• 가격이 저렴하여, 일회용으로도 사용 가능함(경제성)

3. 적용

완성된 작품을 과학실 일 변화, GPS를 활용한 운동량 측정, 자이로 센서의 활용, 자석센서를 이용한 투석기 만들기, 새집 관찰 프로젝트, 광합성 실험, 발명품 제작 등의 프로젝트에 적용함

☆ 수상소감 Q&A ☆

1. 대통령상이라는 소식을 들었을 때, 첫 기분은 어땠는지?

직전 참여했던(3년 전) 전국대회에서 최우수상(부문 1등)에 그쳤기 때문에 대통령상을 받지 못한 아쉬움이 컸습니다. 당시에 1% 부족했던 부분을 채운다는 마음으로 철저히 준비하여 다시 도전했습니다. 1년 만에 다시 도전할 수도 있었지만, 부족한 부분을 채울 때까지 충분한 시간의 공을 들였습니다. 작품 아이디어 발상에서 출품하기까지 약 3년의 시간이 걸렸습니다. 이번에는 대통령상을 목표로 하여 더 많은 부분에 공을 들였습니다. 결과를 확신할 수는 없었지만 더욱 열심히 준비하여 도전했습니다. 막상 최고상을 받게 되니 매우 얼떨떨했습니다. 그러나 목표한 바를 그대로 달성한 성취감과 기쁨은 매우 컸습니다.

2. 왜 대통령상을 받을 수 있었다고 생각하는지?

'실패는 성공의 어머니'라고 하지만, 저는 성공보다 실패 자체가 더 중요하다고 생각합니다. 실패하든, 성공하든 모든 것이 하나의 경험이라는 데는 공통점이 있습니다. 그렇기 때문에 크게 기뻐하거나 슬퍼하지 않고, 그저 경험하고 있다는 것 자체를 즐길 필요가 있습니다. 어떤 사람들은 결과에 지나치게 집착한 나머지 규칙을 어기기도 하고, 쉽게 좌절하기도 합니다. 멀리 내다보며 목표를 세우고 조금씩 목표를 향해 전진하다 보면, 실패는 자연스럽게 성공으로 연결됩니다. 경험은 가랑비와 같고, 그 과정은 마라톤과 같습니다. 지루한 레이스일 수도 있지만 조금씩 목표를 달성해 가는 것이기도 합니다. 경험은 늘 배움을 제공하고, 배움에 가치를 두는 사람은 성공이 자연스럽게 따라온다고 믿습니다. 포기하지 않고 그 믿음을 따라 꾸준히 노력했기 때문에 행운도 찾아왔다고 생각합니다.

3. 이 대회를 참여하는 교사 입장에서 좋은 점은?

전국과학전람회는 과학 교사가 할 수 있는 경험 중에 '꽃'과 같다고 생각합니다. 물론 다른 경험들도 항상 내게는 소중한 거름이 되었지만, 그것을 뛰어넘어 또 다른 창조를 할 수 있도록 씨앗을 허락한 것은 과학전람회였습니다. 2008년 충청남도 서산에 근무할 당시 김만용 선생님(이 책의 공동저자)의 권유로 과학전람회에 입문할 수 있었습니다. 김만용 선생님은 항상 순수한 호기심과 세심한 관찰력을 가진 분이었습니다. 늘 자연과 사물에서 발견한 새로운 것을 이야기해주셨습니다. 교사 연구회 모임을 통해 다양한 과학 선생님들과 만나 자연과 사물에 대해 이야기 나누었고, 서로 아이디어를 공유하면서 자연스럽게 과학탐구라는 것에 눈을 뜰 수 있었습니다. 과학전람회는 과학 교사를 한 단계 성장하게 해주는 마법과도 같은 경험이라고 생각합니다.

4. 좋은 결과를 받기 위해서는?(나만의 특별한 노하우)

'예술은 도둑질이다.' *– 파블로 피카소*

'훌륭한 시인은 훔쳐온 것들을 결합해서 애초에 그가 어떤 것을 훔쳐왔는지도 모르게 완전히 다른 작품으로 탄생시킨다.' *– t. s. 앨리엇*

좋은 작품은 모방에서 시작됩니다. 이 세상에 오리지널은 없습니다. 창의적인 것은 모두 새로운 것 같지만, 사실은 있었던 것들의 조합입니다. 천재 화가 피카소와 천재 시인 앨리엇이 남의 것을 훔쳐왔다고 하는 데에는 그만

한 이유가 있는 법입니다. 우리가 아무리 새로운 것을 추구한다고 한들, 기존에 있던 것을 배우지 않고서는 새로운 것을 만들 수 없습니다. 결국, 창조는 모방에서 시작되는 것이라고 할 수 있지요.

과학 작품도 마찬가지입니다. 일단 모방에서 시작해야 합니다. 다른 사람이 어떤 작품을 연구하는지 들여다보아야 합니다. 지금은 인터넷을 통해 원하는 거의 모든 정보를 찾아볼 수 있습니다. 다양한 사례를 분석하여 나아갈 길을 찾거나 기존에 있는 것을 일단 따라서 해보는 것이 좋습니다. 서서히 발전시키고 바꾸어 나가다 보면 새로운 것을 얻게 됩니다. 모든 창조의 시작엔 모방이 있다는 사실을 명심합시다. 대회도 마찬가지입니다. 기존에 있는 것을 확실히 알고 새로움을 추가하면 창의적인 작품으로 인정받는 법입니다.

과학전람회의 가장 중요한 심사기준은 무엇보다 창의성입니다. 기존에 대중이 잘 알고 있거나 누군가 연구한 것은 아무리 최선의 노력을 다하였다고 해도 표절일 수 있다는 의심을 피할 수 없습니다. 따라서 주제를 선정할 때, 무엇보다도 선행연구 사례 분석을 철저히 해야 합니다. 기존 수상작은 어떤 것이 있는지 반드시 국립중앙과학관 홈페이지를 통해 확인하여야 하며, 논문 검색과 특허 검색 등을 통해 우리가 탐구할 주제가 기존에 있는 것은 아닌지 반드시 확인하여야 합니다. 새롭고 창의적인 요소가 많을수록 좋은 평가를 받을 수 있기 때문입니다. 그리고 보고서에는 그런 창의성이 잘 드러나도록 선행연구를 분석한 자료와 함께 연구 방향의 차별성을 잘 기술해 놓으면 좋습니다. 어떤 부분이 기존에 있는 것이고 모방한 것인지 명확하게 표현해야 합니다. 그리고 우리가 새롭게 제시하는 것이 잘 드러나도록 하여야 합니다. 새로운 부분이 어떤 가치를 가지는가에 따라 좋은 평가를 받을 수 있습니다.

5. 흥미진진한 에피소드, 주제를 발견하게 된 숨은 이야기 등

전국대회에 다섯 번이나 출전한 저도 매번 주제를 선정할 때가 되면 어렵고 머리에 쥐가 납니다. 여러 권의 책을 사서 읽어도 보고, 각종 전시회와 박람회를 견학하기도 합니다. 제59회 전국과학전람회에 출품했던 주제인 "조상들은 왜 침을 만들 때 한약재를 사용했을까?"(교원부문 화학분야 최우수상 수상작)라는 주제는 우연히 라디오를 듣다가 발견했습니다. 'EBS 책 읽어주는 라디오'에서 방성혜 한의사가 쓴 '백광현뎐'을 듣다가 문득 호기심이 생기는 부분이 있어서 책까지 사서 읽어보게 되었습니다. 소설 속 내용이 진짜인지 궁금해서 작가에게 전화를 해보았습니다. 사실임을 확인하고, 서점을 방문해서 '동의보감', '침구대성' 두 권의 책을 사서 직접 관련 부분을 찾아보고 분석했습니다. 만약 그 시간에 내가 라디오를 듣지 않았다면, 이 연구는 세상에 나오지 못했을 것입니다.

대통령상을 받은 주제는 실험 수업을 하던 중 우연히 아이디어를 얻었습니다. 최근 메이커 교육이 인기를 얻으면서, 다양한 코딩 학습 도구들이 출시되고 있었습니다. 학교 현장에 막 도입되기 시작할 때, 이 도구를 과학실험용으로 사용하면 어떨까하는 생각을 하게 되었고, 3년 동안 천천히 구체화해나갔습니다. 제가 직접 할 수 없는 전문적인 기술에 관한 내용은 기술자의 자문을 받아 구체화했습니다. 끝까지 포기하지 않은 결과, 작품을 완성할 수 있었습니다.

6. 그 밖에 하고 싶은 이야기

과학전람회를 통해 '과학'에 대한 높은 통찰력이 생겼습니다. 다른 대회 지도에서는 알 수 없었던 것을 과학전람회를 통해 깨닫기 시작했습니다. 과학전람회에 도전하기 이전의 저와 지금의 저는 완전히 다릅니다. 새로운 것을 발견하는 즐거움을 알게 되었고, 자연과 사물을 향한 호기심은 더더욱 커져갔습니다. 항상 감각의 촉을 세우고, 새로운 사실을 발견하고 관찰하는 습관이 생겼습니다. 한때 '창의성'은 타고나는 것이라고 생각했습니다. 그러나 지금은 전혀 생각이 다릅니다. '창의성'은 경험과 노력의 산물이라고 생각합니다. 한 가지 분야의 경험과 노하우를 쌓아가다 보면 어느 순간 경험이 서로 연결되고 융합됩니다. 그 순간을 포착하는 것이 창의적인 발견의 시작입니다. 단, 일상의 규칙과 상투적인 것들을 다른 각도로 바라보는 노력을 꾸준히 해야 합니다. 그래야 늘 새로운 감각을 유지하고 새로운 발견을 해낼 수 있습니다.

7. 제64회 전국과학전람회 학생부문 환경분야 대통령상 – 학생 최경준·손승연/지도교사 이명규

"지의류 정착에 최적화된 친환경적 구조물 제작을 통한 사막화 지역의 녹지화에 대한 탐구"

> **● 핵심 총평 ●**
>
> 이 작품은 사막화 지역의 녹지화를 어떻게 시작할 것인가에 대한 연구입니다. 고등학교 생물 교과서에는 숲의 천이과정이 나오는데, 숲이 되는 첫 시작 단계는 지의류가 정착하는 것이라고 설명되어 있습니다. 이 연구는 숲을 만들기 위해 어떻게 사막에 지의류를 정착시킬 것인지에 대해 과학적인 아이디어를 제시한 점에서 높은 평가를 받았습니다. 지의류는 바람에 쉽게 떨어지기 때문에 사막에 정착시키기 위해서는 바람을 막을 특별한 구조를 만들어야 하는데요. 다양한 실험을 통하여 그 최적화된 구조물을 찾고, 실제 사막화에 어떻게 기여할 수 있는지와 그 효과를 잘 설명하였습니다.

매일 모래바람이 불고 옥수수조차 자라지 않는 황폐화되어버린 땅, 영화 「인터스텔라」에서 묘사된 사막화가 진행되고 있는 지구의 모습은 안타깝게도 이미 현실에서 나타나고 있습니다. 사막화는 기상 변화로 인하여 수목이 말라 죽고 건조한 나대지가 출현하게 되는 현상입니다.

현재 전 지구적으로 장기간에 걸친 가뭄, 건조화 등의 자연적 요

인과 벌채, 경작 등의 인위적인 요인에 의해 사막화 현상이 가속화 되고 있습니다. 이에 우리는 사막화 지역을 녹지화하기 위한 방법에 대해 생각해보게 되었습니다.

식물의 천이과정에서 지의류가 가장 먼저 정착한 뒤에 선태식물, 양수림, 혼합림, 음수림이 순차적으로 생성된다는 것에서 착안하여 지의류의 정착을 통한 녹지화를 탐구하게 되었습니다.

이때 지의류는 지형변화에 매우 취약하여 '지형변화를 최소화할 수 있는 구조물을 제작하는 것은 어떨까?' 하는 생각을 하게 되었습니다. 이후 사전 조사 과정을 통해 실제 환경에서 거대 지형물이 사람이 살아갈 수 있는 환경(오아시스, 문명 발생지)을 만들어준다는 것을 알고 지형물이 가진 장점을 활용해 실시간으로 지형이 변화하는 사막화 지역에서 식물 천이과정의 선구자인 지의류를 보호할 수 있는 구조물을 제작하고자 하였고, 구조물의 형태로는 실제 사막에서 바람에 의해 자연적으로 형성되며 유체가 구조물의 표면을 따라 이동할 때 마찰과 와류를 최소화하며 이동할 수 있는 구조인 사구 형태로 선정하였습니다.

사구 활주사면(사구에서 바람이 불어오는 방향의 반대 방향에 생성되는 급경사면)에서 지의류를 생장시키고자 구조물의 형태변화에 따른 공기의 흐름과 수분 증발량의 변화를 분석하여 최적의 구조물 형태 조건을 선정하고 더 나아가 자연적으로 분해되는 구조물을 제작하도록 하였습니다.

이후 골격 구조에 따른 구조물의 자연적 생성 여부를 확인하고 역경사 그물을 통한 수분 공급 및 구조물의 유무에 따른 식물 생장 가능성을 확인함으로써 사막화된 지역을 자연이 스스로 녹지화할 수 있는 가능성에 대한 결과를 얻었습니다.

출품 당시 차트 및 전시 모습

제64회 전국과학전람회(환경분야) 전시 모습

☆ 수상소감 Q&A ☆

1. 대통령상이라는 소식을 들었을 때, 첫 기분은 어땠는지?

제60회 전국과학전람회 학생부 물리분야에서 국무총리상을 수상하고 '또 이런 일이 일어나지는 않을 거야'라고 생각하면서 매년 과학전람회를 준비했습니다. 4년이 지난 어느 날 전화벨이 울렸습니다. 담당 연구사님이 "대통령상, 축하합니다"라고 말하더군요. 그동안 과학전람회를 준비하면서 있었던 일들이 파노라마처럼 지나갔고, 같이 고생한 학생들에게 조금이나마 보답이 된 것 같아 정말 기뻤습니다.

2. 왜 대통령상을 받을 수 있었다고 생각하는지?

사회적으로 문제가 되고 있는 황사문제, 토양의 사막화를 사람이 인위적으로 해결하는 데는 한계가 있다는 점에서 시작해서 어떻게 하면 자연이 스스로 사막화된 지역을 녹지화시킬 수 있을까 고민했습니다. 수업시간에 배운 생태천이과정에 따라 지의류가 가정 먼저 정착을 하면 자연스럽게 녹지화할 수 있다고 생각했습니다. 그러나 문제는 바람에 매우 취약한 지의류이기에 구조물을 통한 정착 방법을 생각했고, 이 과정에서 창의적인 아이디어와 과학, 기술, 공학, 예술, 수학의 모든 분야가 접목된 STEAM 요소에 심사위원의 높은 점수를 받게 된 것 같습니다.

3. 이 대회를 참여하는 학생(또는 학부모, 교사) 입장에서 좋은 점은?

과학전람회에 참여하다보면 일련의 과정 즉, 주제설정, 선행연구, 탐구과정, 결과정리, 보고서 작성, 그리고 발표까지 모든 과정을 학생이 스스로 참여하고 설정하고 해결하면서 다양한 탐구역량이 향상됩니다. 또 한 주제에 대해 깊게 고민해보는 경험과 자신의 궁금점을 자기주도적으로 해결한 경험은 정말 값진 것 같습니다. 이공계를 진학하고 이공계를 자신의 진로로 선택하는 학생에게는 정말 강추입니다.

4. 좋은 결과를 받기 위해서는?(나만의 특별한 노하우)

과학을 사랑하는 사람에게 누구보다도 중요한 두 단어, Why와 How! 10년간 과학전람회를 학생들과 함께하면서 수십 번, 수백 번 생각한 단어입니다. 과학에서 Why(왜)의 중요성은 누구나 알고 있을 것입니다. 그래서 초등학생들에게 가장 많이 팔린다는 예림당의 'WHY'시리즈의 누적 판매량은 9000만 권에 육박한다고 합니다.

350년 전 사과나무에서 사과가 떨어지는 것을 본 서양인과 동양인이 있었습니다. 그 중 왜(Why) 사과나무에서 사과가 떨어질까를 고민한 사람이 있었고, 그 궁금증은 만유인력 개념을 창안하게 되었습니다.

물리학의 창시자이며, 지동설을 주장한 갈릴레오 갈릴레이(1564~1642)는 아리스토텔레스가 『자연학』에서 이야기한 "무거운 물체의 낙하속도가 가벼운 물체보다 빠르다"라는 이론에 대해 고민하기 시작했습니다. 바로 '하늘에서 내리는 우박을 보고, 왜 우박의 속도가 다 다를까?'라고 의문을 품은 것이죠.

고민을 하던 갈릴레오 갈릴레이는 다음과 같은 사고 실험을 하게 됩니다.

"질량이 1kg인 물체와 5kg인 물체는 5kg인 물체의 낙하속도가 5배 빠르다. 만약, 5kg인 물체와 1kg인 물체를 묶어서 떨어뜨리면 어떻게 될까?"

'묶여 있는 두 물체에서 1kg인 물체는 5kg인 물체가 당겨서 속도가 더 빨라지고, 5kg인 물체는 1kg인 물체가 당겨서 속도가 느려지지 않는가? 그런데 이 물체는 6kg(5kg+1kg)이니 전보다 더 빨리 떨어져야 하지 않는가?'

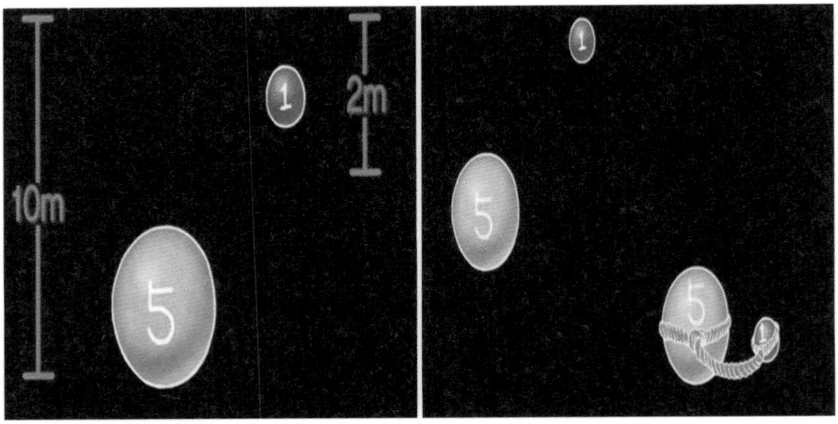

5kg인 물체와 1kg인 물체의 낙하거리 차이

5kg인 물체와 1kg인 물체를 묶어서 떨어뜨리는 모습

그러나 모순이 발생합니다. 따라서 갈릴레오 갈릴레이는 아리스토텔레스의 이론은 틀렸고, "공기저항이 없다면 모든 물체는 동시에 떨어진다"는 주장을 할 수 있게 되었습니다. 이는 뉴턴에게 엄청난 영향을 미치게 되고 고전물리학의 시작을 알리게 됩니다. 이것이 바로 Why의 힘이라고 할 수 있습

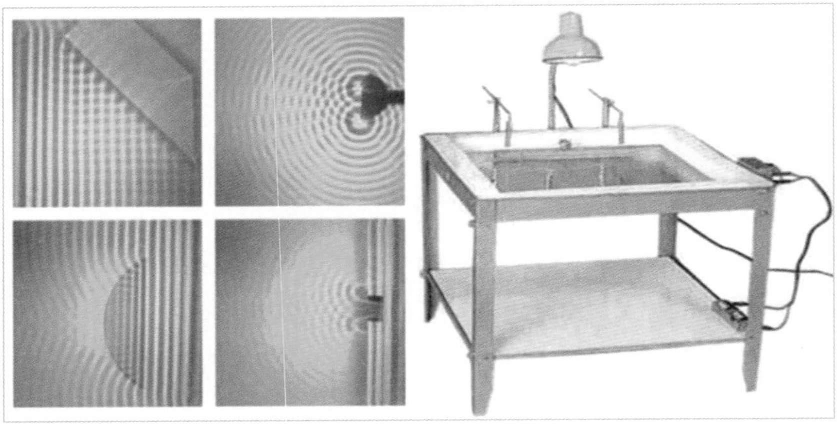

평면에서 파동의 반사, 간섭, 회절 현상

평면 파동실험 장치

니다.

파동실험에 '왜 물(매질)이 정지한 곳에서만 파동을 관찰하는 내용만 나올까?' '만약, 물(매질)이 움직이는 곳에서 파동을 관찰하면 파동현상은 어떤 변화가 있을까?'라는 고민에서 학생들과 탐구를 시작하게 되었습니다. 선행연구를 조사해본 결과 어디에도 우리의 궁금증을 해결해 줄 내용을 찾지 못했습니다. 그래서 우리는 이 주제에 대해 탐구를 시작하기로 결정했습니다.

첫 번째 만난 어려움! 우리가 궁금해하는 점을 실험할 장치가 없었습니다. 그래서 어떻게(How) 실험을 할까 고민하던 중 아주 간단한 아이디어에서 시작하게 되었습니다. '물이 움직이려면 경사가 있어야지!' 기존 실험 장치에 경사면을 달아주었습니다. 그러나 바로 만나게 된 두 번째 어려움! 한번 경사를 타고 흘러간 물은 다시 돌아오지 않았고, 바닥은 물로 흥건히 젖게 되었습니다. 또 어떻게(How) 해결할까 고민하던 중 수조와 펌프를 생각했고, 그 후 탐구를 수행할 수 있었습니다. 도 대회에서 특상을 받고 전국대회까지 3개월의 시간. 긴 시간 같았지만 어떻게(How)라는 생각을 거듭하며 우리에게는 시간이 쏜살같이 흘러갔습니다. 도 대회를 준비하면서 가장 큰 문제점이었던 각도를 조절하는 것과 한 장 한 장 사진을 찍어 자로 직접 파장을 측정하던 불편함을 자동화시키고자 노력했습니다.

그때 발명품으로 접해 보았던 아두이노와 센서를 이용하였으며, 색깔 모션인식에서 아이디어를 착안해 파동의 밝고 어두운 무늬를 웹캠으로 찍어서 무늬 간격을 픽셀(Pixel) 단위로 계산하여 실제 파장을 측정할 수 있도록 고안했습니다. 또 추가적인 문제점들도 하나하나 고민 끝에 해결하였고, 우리는 SCS(Slope Control System) 장치를 제작하였습니다. 장치 제작은 과학전람회의 1부에 불과했지만, Why와 How의 힘은 가장 크게 작용했습니다.

그 후 각 변인통제를 한 실험을 통해 데이터를 분석하고 일반화하였으며, 다시 처음으로 돌아가 우리는 경사면에서 흐르는 물의 파동현상을 설명하면서 물리이론과 실험적 해석의 일치함을 증명했습니다. 이런 노력으로 제60

SCS(Slope Control System) 장치

회 전국과학전람회에서 국무총리상을 수상하는 영광을 얻게 되었습니다. 그리고 학생들과 10개월 동안 동고동락했던 시간을 즐길 수 있는 해외연수 기회는 추억의 대미를 장식했고 학생들은 과학전람회를 통해 키운 역량을 인정받아 대학을 가게 되었습니다. 교사로서 다시는 이런 기회는 오지 않을 것 같았습니다.

4년 후 제64회 과학전람회 면담이 끝나고 학생 중 한 명이 고등학교 3년 동안 배운 과목별 역량을 이 한 주제에 다 쏟아 부어서 후회가 없다는 말을 했습니다. 몇 달간의 힘듦이 입가의 미소로 변하게 만들어주는 한마디였습니다. 우리는 한 팀이었습니다. 그리고 다시는 오지 않을 것 같은 일이 벌어지고 말았습니다. 대통령상 수상!

지의류가 어떤 구조물에서 잘 살 수 있을까를 고민하던 한 학생은 어떤 공간에서 사람이 살 때 가장 행복할까를 고민하는 건축물을 만들겠다는 꿈을 가지고 건축학과로 진학하였습니다. 생태천이 단계에서 첫 번째 단계의 아주 약한 지의류가 살아가는 때 필요한 온도, 습도 등 최적 조건을 찾아내려고 노력한 학생은 불편한 사람들이 정상인처럼 살아 갈 수 있게 도움을 주는 기구를 만드는 연구자의 길을 가게 되었습니다. 학생들이 꿈을 향해 가는 길에 조금이나마 도움을 줄 수 있어서 너무 뿌듯하며, 10개월 동안의 시간, 맑은 하늘과 파란 바다를 같이 바라보았던 추억은 잊지 못할 것 같습니다. 그리고 꼭 본인들의 꿈을 이루기를 바랍니다.

5. 그 밖에 하고 싶은 이야기

과학전람회를 나에게 알려준 선배 과학 선생님들, 함께 과학전람회를 시작한 동료 과학 선생님들. 이제 다들 과학전람회를 은퇴하고 나 혼자만 남았습니다. '나도 이제 과학전람회를 정말 은퇴해야 하나?'라는 생각이 들지만, 나에게는 매년 가르쳐야 하는 학생들이 있고, 동고동락하고 있는 후배 과학교사들이 있기에 지금 이 순간에도 Why와 How를 생각하며 노력 중입니다.

10

전국학생과학발명품경진대회 대통령상 수상작들

- 소개/Q&A

8. 제31회 전국학생과학발명품경진대회 대통령상

- 학생 박상현/지도교사 하헌목

"신개념 오르락내리락 롤스크린 당기미"

◉ 핵심 총평 ◉

롤스크린을 작동시킬 때 줄을 잘못 당기는 경험을 한 적이 있을 것입니다. 이러한 점을 해결하기 위해 허리 벨트, 타이어렌치, 자전거의 뒷바퀴축에서 사용된 래칫 원리를 적용하여 스크린 줄의 작동을 쉽게 하였고, 스크린의 작동 방향을 원하는 대로 선택하기 위해 내부 부품과 스위치를 연결하였습니다. 시각장애인을 배려하여 스위치의 위치와 방향을 점자로 표시하였습니다. 내부의 구조는 복잡하지만, 누구나 쉽게 이해하여 사용할 수 있도록 제작했기 때문에 바로 실생활에 적용할 수 있을 만큼 완성도가 높습니다.
이 발명품에 대한 심사결과에서도 실생활에서 접하는 불편함을 과학적 원리를 찾아 적용함으로써 해결한 점, 아이디어의 참신함과 완성도를 높이기 위한 노력과 시각장애인을 배려한 점 등이 높은 평가를 받았다고 합니다.

집이나 학교, 사무실 등 실내 유리창에는 커튼이 설치되어 있습니다. 커튼의 종류에는 일반 커튼, 롤스크린, 로만쉐이드, 버티컬 등 다양합니다. 롤스크린이나 버티컬 종류들은 커튼을 조절하기 위해 한쪽에 줄이 달려있는데, 일반적으로 비즈(플라스틱 구슬)가 꿰어져 있는 줄로 되어 있습니다. 이 줄은 스크린의 위쪽에서부터 아래쪽으로 긴 타원을 그리고 있지만, 가운데 부분에서는 좌우로 두 줄인 것처럼 느껴집니다. 만일 왼쪽의 줄을 잡아당길 경우 스크린이 내려온다면, 오른쪽의 줄을 잡아당길 경우 스크린은 올라가게 됩니다. 하지만 평소 스크린을 조절할 때 원하는 방향의 줄을 잡고 당긴 경우가 얼마나 될까요?

이러한 불편함을 해결하고자 발명품 제작을 시작하였습니다. 과학적인 원리를 적용하여 제작한 이 발명품은 롤스크린의 줄에 부착하여 스크린을 원하는 방향으로 조절할 수 있으며, 줄을 쉽게 잡아당길 수 있도록 하였습니다. 이때 발명품에 적용된 가장 중요한 과학적 원리는 래칫입니다. 한 방향으로는 걸림이 작용되어 힘이 전달되지만, 반대 방향으로는 걸림이 없어(헛돌기) 힘이 전달되지 않는 원리입니다. 자전거의 뒷바퀴 축을 생각해보면 이해가 될 것입니다. 또 다른 원리는 스프링의 탄성입니다. 발명품 내부에는 5개의 스프링이 들어갑니다. 평스프링으로 스위치를 잡아주고, 코일스프링으로 래칫 원리가 적용되도록 하였습니다. 마지막으로 시각장애인을 위한 점자도 새겨 넣었습니다.

이 발명품을 제작하는 과정에서 수많은 시행착오를 겪었습니다. 1차 작품에서 당김줄 선택의 문제를 해결하였기에 하나의 발명품으로 끝이 난 것이었습니다. 그러나 실제로 발명품을 만들고 난 후 사용해보니까 또 다른 불편함이 생기게 되었습니다. 당김줄 선택은 스위치로 가능하지만 작동하는 과정에서 스위치를 계속 변경해야 하는 문제가 발생한 것입니다. 여기에서 한동안 작품 진행이 되지 않았습니다. 그러다 우연히 발견한 것이 래칫 원리였습니다. 이 작품이 전국대회까지 나갈 수 있었던 핵심이 바로 래칫의 적용이었습니다.

2차 작품으로 도 대회에서 전국대회로 갈 수 있었고, 그 이후에는 꾸준히 작품을 개선하였습니다. 3차 작품은 내부 스프링의 이탈 등을 방지하기 위해 내부 구조를 변경시켰고, 4차 작품은 스위치 부분을 개선하였습니다. 5차 작품에서는 뚜껑 부분의 나사 두 개를 없애고, 여닫이 형태로 만들어 당김줄에 탈부착이 쉽도록 하였습니다. 최종 작품에서는 당시의 어젠다를 반영해 시각장애인을 고려한 점자까지 새겨 넣었습니다. 실제 전국대회에서 면담 심사 때에는 불투명한 케이스에 '상', '하' 글씨와 함께 스위치의 위치 표시도 추가하여 완성도를 더욱 높였습니다.

제31회 전국학생과학발명품경진대회

생활과학Ⅰ

171 신개념 오르락내리락 롤스크린 당기미

• 출 품 자 : 박 상 현(충남 서산중학교)
• 지도교사 : 하 헌 목(충남 서산중학교)

작품요약설명

롤스크린을 상하 조절할 때 당김줄 선택의 혼선을 피하기 위해, 당김줄에 설치된 "당기미"의 스위치를 원하는 방향(상 또는 하)으로 조절한 후 "당기미"를 올렸다 내렸다를 반복함으로써 시각 장애인을 포함하여 누구나 손쉽게 스크린의 높이를 조절할 수 있다.

연구내용

① 제작 동기 및 목적

가. 제작 동기

대부분의 사람들이 롤스크린을 조절할 때 두 가닥의 당김줄 중 어느 것이 스크린을 올리는 것인지 혹은 내리는 것인지를 쉽게 구별하지 못한다. 그래서 당김줄을 쉽게 구별하면서 작동도 편리한 장치가 필요함을 느꼈다.

나. 제작의 목적

- 롤스크린 당김줄의 꼬임 여부와 관계없이 스크린을 상하 조절할 때 원하는 방향의 당김줄을 쉽게 선택할 수 있어야 한다.
- 간단한 조작으로 롤스크린의 작동이 가능함으로써 누구나 쉽게 스크린을 조절할 수 있어야 한다.
- 기존 롤스크린에 손쉽게 부착하여 사용함으로써 활용성을 높여야 한다.

② 제작 과정

가. 과학적 원리 탐구

1. 롤스크린 작동 원리
   당김줄을 이용하여 내부 스프링을 시계방향 혹은 반시계방향으로 회전시켜서 스크린의 상하작동을 가능하게 한다.
2. 허브 래칫의 원리
   허브 래칫은 허리 벨트의 버클 및 타이어렌치와 같이 기어의 선택적 결합으로 한 방향으로만 힘이 전달되는 원리이다. 이 원리를 "당기미"에 적용하였다.

나. 롤스크린 탐구 및 원리 적용

1. 롤스크린 탐구

가) 당김줄 비즈의 종류와 크기

구분 / 종류	색깔	재질	굵기(mm)	
플라스틱 비즈	흰색	플라스틱	4.8	
크리스털 비즈	투명	크리스털	큰 것	7.0
			작은 것	3.1

나) 롤스크린의 종류에 따라 스크린을 조절할 때 필요한 힘

비즈 굵기(mm)	스크린 크기(mm)	질량(g)	올릴 때 힘(N)	내릴 때 힘(N)
7.0	1740×1800	1040	15.2	3.8
4.8	1800×1340	910	12.4	3.9
4.8	1500×1470	820	9.6	4.2
3.1	1390×960	670	9.2	4.6
3.1	690×1300	590	6.8	3.0

2. 원리 적용

다. 작품의 발전 과정

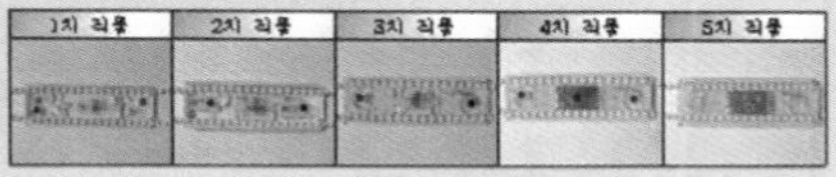

③ 작품 설명

가. "당기미"의 구조 및 부품의 역할

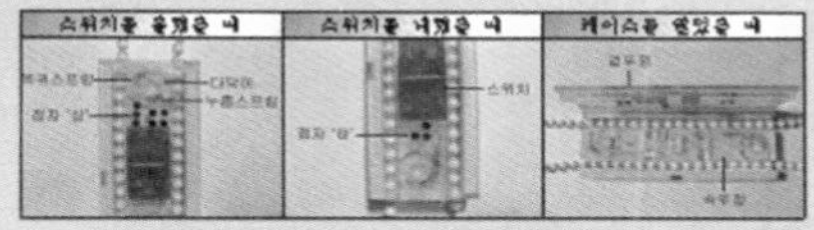

1. 스위치를 올렸을 때 아크릴 원기둥 끝에 있는 누름 스프링이 다닥이를 밀어주고 올림 당김줄의 비즈가 다닥이의 홈에 걸리게 된다. 이 때 당기미를 위로 올리면 누름 스프링의 탄성에 의해 '다다다다' 소리를 내며 올림 당김줄이 당기미를 통과하게 된다. 그러나 당기미를 아래로 내리면 올림 당김줄의 비즈는 다닥이에 걸려 당기미와 함께 내려오게 됨으로써 스크린이 올라간다.
2. 스위치를 내렸을 때에는 내림 당김줄의 비즈가 다닥이의 홈에 걸리게 되고, 같은 원리에 의해 당기미를 아래로 내리면 스크린이 내려간다.

나. 작동 방법

1. 롤스크린을 올리고자 할 때 : 조절스위치를 위쪽으로 올린 다음 "당기미"를 위로 올렸다 내렸다를 반복한다.
2. 롤스크린을 내리고자 할 때 : 조절스위치를 아래쪽으로 내린 후 위와 같은 동작을 하면 된다.

④ 효과 및 전망

- 롤스크린을 상하 조절할 때 당김줄의 꼬임을 적게함과 동시에 당김줄의 꼬임 여부와 상관없이 원하는 방향의 당김줄을 스위치로 간단하게 선택할 수 있고, 작동도 편리하여 시각장애인을 비롯하여 누구나 쉽게 사용할 수 있다.
- 기존 롤스크린에 손쉽게 부착하여 사용할 수 있으며, 또한 버티컬, 로만쉐이드와 같은 블라인드에도 사용할 수 있어 활용성이 높다.

연구결과

가. 롤스크린 당김줄의 선택이 쉬워져, 시각장애인을 포함한 남녀노소 누구든지 롤스크린을 조절할 수 있다.

나. 당김줄의 중간 위치에 "당기미"를 고정 시킴으로써 줄의 꼬임을 방지하며, 만약 줄이 꼬여 있더라도 스크린의 높이 조절이 쉽다.

다. 롤스크린에 "당기미"를 부착하여 사용할 수 있어 경제적이며, 버티컬, 로만쉐이드 등의 블라인드에도 사용할 수 있어 활용성이 높다.

대통령상 수상작 작품요약서

작품명	신개념 오르락내리락 롤스크린 당기미		분야	생활과학 I
구분	성명	소속(학교)		학년(직위)
출품자	박상현	서산중학교		2학년
지도교원	하헌목	서산중학교		교사

1. 제작동기

학교에서 수업시간에 롤스크린을 한 번에 올리지 못하자 친구들의 핀잔을 받게 되었다. 그런데 집에서 어머니도 마찬가지였다. 대부분의 사람들이 롤스크린을 조절할 때 두 가닥의 당김줄 중 어느 것이 스크린을 올리는 것인지 혹은 내리는 것인지를 쉽게 구별하지 못한다. 그래서 당김줄을 쉽게 구별하면서 작동도 편리한 장치가 필요함을 느꼈다.

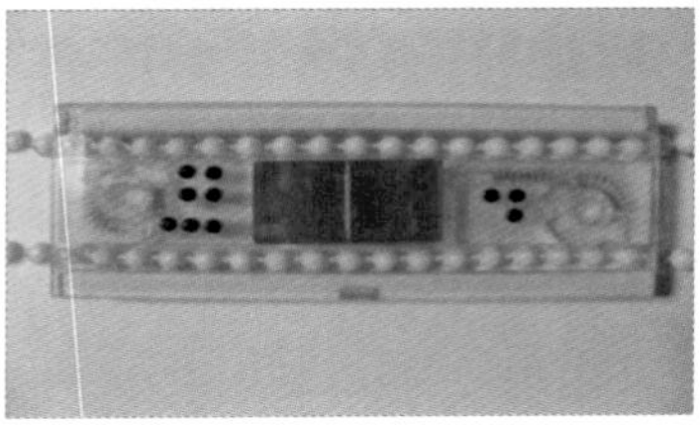

2. 작품요약

롤스크린을 상하 조절할 때 당김줄 선택의 혼선을 피하기 위해, 당김줄에 설치된 '당기미'의 스위치를 원하는 방향(상 또는 하)으로 조작한 후 '당기미'를 올렸다 내렸다를 반복함으로써 시각장애인을 포함하여 누구나 손쉽게 스크린의 높이를 조절할 수 있다.

3. 작품내용

가. 한 방향으로만 힘이 전달되는 자전거 뒷바퀴의 허브 래칫, 허리 벨트의 버클, 자동차 정비공구인 타이어렌치 등에 사용되는 원리를 작품에 적용하였다.

나. 작동 방법

1) 롤스크린을 올리고자 할 때: 조절스위치를 위쪽으로 올린다. → '당기미'를 위로 올린다. (이 때에는 두 가닥의 당김줄이 그대로 통과한다.) → '당기미'를 아래로 내린다. (이 때에는 두 가닥의 당김줄 중 올림당김줄에 힘이 가해져 잡고 내려온다.)

2) 롤스크린을 내리고자 할 때: 조절스위치를 아래쪽으로 내린 후 위와 같은 동작을 하면 된다. (이 때에는 '당기미'가 두 가닥의 당김줄 중 내림당김줄을 잡고 내려온다.)

다. 시각장애인도 사용할 수 있도록 점자를 새겼다.

4. 제작결과

가. 롤스크린 당김줄의 선택이 쉬워졌다.

나. 기존 롤스크린의 당김줄에 작품(당기미)을 부착하여 사용할 수 있다.

다. 당김줄에서 "당기미"를 중간 위치에 놓음으로써 줄의 꼬임을 방지한다.

라. 당김줄이 꼬여 있더라도 당김줄의 선택 및 스크린의 높이 조절이 쉽다.

마. 롤스크린 뿐만 아니라 비즈 당김줄을 사용하는 버티컬, 로만쉐이드, 벌룬쉐이드 등의 블라인드에도 사용할 수 있어 활용성이 높다.

바. 시각장애인을 포함한 남녀노소 누구든지 롤스크린을 조절할 수 있다.

☆ 수상소감 Q&A ☆

1. 대통령상이라는 소식을 들었을 때, 첫 기분은 어땠는지?

'가슴 벅찬 기분'이란 말이 아마도 그 당시를 가장 잘 표현하는 것 같습니다. 전화로 소식을 들었을 당시 소리를 지를 수 없는 환경이라 마음껏 기뻐하지 못하였지만, 가슴이 벅차올라 쿵쾅거리던 심장 소리는 똑똑히 기억합니다. 당시 다른 분야 전국대회를 준비하느라 학생을 인솔하여 출장 중이어서 다음날이 되어서야 학생에게 수상 소식을 전할 수 있었습니다.

2. 왜 대통령상을 받을 수 있었다고 생각하는지?

참가 학생이 매우 성실하였습니다. 발명품 제작의 모든 과정을 함께했고, 힘든 과정들을 모두 긍정적으로 해내었습니다. 7개월 동안 평일 야간은 물론 주말과 방학을 모두 학교에서 보냈습니다. 이러한 노력은 300쪽이 넘는 탐구일지와 작품 곳곳에 녹아 있습니다. 이를 심사위원들이 높게 평가하지 않았을까 생각합니다. 그리고 실생활에 바로 적용할 수 있을 정도로 작품의 완성도를 높였고, 시각장애인을 위한 배려도 놓치지 않았던 것이 플러스 요인으로 작용한 듯합니다. 그리고 발명품의 완성도를 높이기 위해 계속 발전시킨 부분이 높게 평가되었다고 생각합니다.

3. 이 대회를 참여하는 학생 입장에서 좋은 점은?

'타이틀 매치!'

다른 대회도 마찬가지겠지만, 열심히 하는 것의 한계를 넘어설 수 있는 것은 목표라고 생각합니다. 학생들은 시험 전에 열심히 공부하고, 시험 기간에는 초인적인 힘으로 공부합니다. 시험이 없다면? 이런 일은 일어나지 않겠지요.

발명이라는 것은 끝이 없습니다. 그래서 마지막까지 작품을 개선하기 위해 노력하게 됩니다. 전국학생과학발명품경진대회를 통해 학생은 대회장을 나오는 순간까지 최선의 노력을 다했다는 경험, 교사는 학생을 성장시키며 자신도 성장한다는 것을 느낄 수 있다는 사실이 가장 좋은 경험인 것 같습니다.

4. 좋은 결과를 받기 위해서는?(나만의 특별한 노하우)

첫째, 작품을 너무 사랑하게 되면 단점이 보이지 않게 됩니다. 주변 사람들에게 작품을 있는 그대로 보여줄수록 단점을 보완하기에 효과적입니다.

둘째, 하나의 장점을 부각시키기 위해 두 개의 단점을 만드는 우를 범하지 않아야 합니다. 흔히 하는 실수로 기능을 추가하기 위해 추가 부품을 끼워 넣어, 처음에 생각한 기능을 방해하는 경우가 있습니다. 발명품은 표면적으로는 누구나 이해할 수 있도록 간단명료한 것이 좋습니다. 비록 세부적으로는 복잡할지라도…

셋째, 되도록 학생을 가르치지 않아야 됩니다. 결국 대회 결과는 학생이 만들어내는 것입니다. 지도교사가 모든 것을 생각하고 결과까지 만든 후 학생을 가르치게 되면, 학생이 이해한 만큼만 결과가 나오며 대회를 통한 교육적 효과도 반감됩니다. 지도교사와 학생이 함께 고민하고 함께 작품을 만들어간다면 굳이 작품에 대하여 학생을 가르치지 않아도 됩니다. 이럴 때 비로소 학생 자신의 작품이 되는 것이니까요.

5. 주제를 발견하게 된 숨은 이야기

이 작품의 출발은 '하나로 커튼'이었습니다. 에어컨을 틀기엔 높지 않은 기온이지만 햇살은 뜨거운 날씨였던 것으로 기억합니다. 시험 기간이었는데, 감독을 하는 과정에서 안타까운 상황을 발견하였습니다. 1번부터 7번까지의 학생은 조상을 잘못 만나서인지(가나다 이름순으로 번호가 정해짐) 창가에 앉아서 시험을 보고 있었습니다. 실내는 더우니 창문을 열어야 하고, 햇살이 뜨거우니 롤스크린을 쳐야 하는 상황이었습니다. 그런데 바람이 불었습니다. 창가에 앉은 학생은 왼손으로 롤스크린을 잡고, 오른손으로 시험 문제를 풀고 있었습니다. 이때 떠올린 아이디어가 '롤스크린의 위쪽은 그대로 두고, 아래쪽은 버티컬로 하여 햇살은 막고 바람은 통하게 하는 커튼은 없을까?' 였습니다. 발명 기법의 더하기 기법입니다. 하지만 전국학생과학발명품경진대회에 나가기에는 너무 단순해 작품성이 떨어집니다. 한참이 지난 후 발명대회에 참가를 희망하는 학생과 함께 고민하였습니다. 발전 방향을 모색한 것이죠. 그러다 새로운 발견을 하였습니다. 이 학생이 롤스크린을 올리고 내릴 때 한 번에 하지 못한다는 것이었습니다. 작품 요약서에 작성한 내용 그대로입니다. 이 학생뿐만 아니라 누구든 마찬가지였습니다. 결국 발명 주제나 아이디어는 계속적인 고민과 꾸준한 관찰을 통해 발견할 수 있는 것이었습니다.

아이디어를 구현하기 위해서는 작품을 제작하여야 합니다. 작품에 따라 쉽게 제작 가능한 것도 있겠지만, '당기미'는 2009년 당시에는 쉽지 않았던 아크릴 가공과 규격에 맞는 스프링을 제작해야 하는 등 제작 과정이 어려웠습니다. 학생 대회 지도의 길로 안내해준 김만용 선생님이 작품 제작 기술을 가진 분도 소개해 주셨습니다. 조그만 공방을 운영하는 분인데, 기술력이 뛰어나신 분이었습니다. 대회 직전까지 작품을 만들기 위해 수업이 끝나면 학생과 함께 충남 서산에서 대전까지 달려갔습니다. 밤새 작품을 만들고 새벽에 출발하여 집으로 돌아왔습니다. 새벽의 대전 – 당진간 고속도로를 달리며 졸음이 밀려오다 번쩍 정신을 차리는 순간에 무슨 생각이 들었을까요?

6. 그 밖에 하고 싶은 이야기

감사드려야 할 분이 많습니다. 김만용 선생님, ○○공방 사장님, 교사를 믿고 자식을 맡겨주신 학부모님, 항상 고생한다고 격려해주신 교장선생님, 아빠의 빈자리를 메우기 위해 노력한 아내에게 다시 한 번 감사한 마음을 전합니다.

대회에 참가하는 학생들에게 늘 이런 이야기를 합니다. "고생해라! 고생을 한 만큼 보람이 있을 것이다."

같은 대회를 참가하더라도 고생을 한 사람은 그만큼 보람과 희열, 성취감, 해방감 등 많은 것을 느낄 수 있습니다. 힘들지 않으면 대회가 끝난 다음의 느낌이 적을 것입니다. 학생이나 지도교사나 마찬가지일 것입니다. 많은 학생과 교사가 열정을 가지고 도전하며, 고생하기를 바랍니다.

9. 제33회 전국학생과학발명품경진대회 대통령상

- 학생 하지민/지도교사 김선아

"폐통돌이를 이용한 수동 손건조기"

◉ 핵심 총평 ◉

기존 필터교체형 손건조기의 관리소홀로 인한 세균오염의 가능성을 배제한 노필터 자연바람 건조가 가능한 수동 손건조기입니다. 발명품의 작동원리는 발판으로 동력을 주어 환풍기 날개를 돌려 전기 손건조기의 바람의 세기만큼 강력한 바람을 내도록 제작하였습니다. 수동동력이라서 전기를 사용하지 않았지만 효과는 전기를 사용한 것처럼 강력한 바람을 만들어내기 위해 발명품의 구조, 모양, 재료 등을 다양한 탐구실험을 통해 최적의 구성으로 제작한 점, 버려지는 재활용품을 사용하여 전기를 절약하고 기존 손건조기의 기능보다 우수한 발명품을 제작하였다는 점 등에서 심사위원들의 큰 호응을 얻었다고 합니다.

제33회 전국학생과학발명품경진대회에서 대통령상을 받은 작품의 이름은 "폐통돌이를 이용한 수동 손건조기"입니다. 자원재활용 부문으로 저탄소 녹색성장을 위한 탄소 배출 감소를 위해 전기를 소비하지 않는 손건조기를 새롭게 발명한 것입니다. 기존 손건조기가 필터를 통해 바람을 제공하는 과정에서 필터 오염으로 인한 세균감염이 일어나고 있다는 뉴스를 듣고 필터를 교체하지 않아도 되면서 공기 중에 있는 바람으로 건조가 가능한 친환경 손건조기를 구상하게 되었습니다. 우리가 교실에서 일상적으로 사용하고 있는 물품 중 통돌이 걸레세척기가 고장이 나 그대로 버려지는 모습을 보고 걸레세척통 대신 날개를 붙이면 수동으로 바람을 일으키는 원리를 활용할 수 있을 것이라는 생각을 하여 폐통돌이, 버려진 날개를 기본 재료로 발명품을 제작해 나갔습니다.

이 발명품의 핵심원리는 폐걸레세척기와 폐환풍기 날개를 이용하여 내부구조를 제작하고 발판을 밟는 힘으로 날개를 돌아가게 한 후 날개에서 나오는 바람으로 손을 건조하는 것입니다. 이 과정에서 발판을 밟는 힘으로 기존 손건조기가 제공하는 바람의 속도와 같은 효과를 내기 위해 다양한 과학탐구실험을 통해 작품을 개선해 나갔습니다. 그 과정에서 탐구일지를 작성하며 과학적인 원리를 찾아내 적용하기도 하면서 작품을 만드는 기술적인 면뿐만 아니라 과학 학습적인 면까지 함께 공부할 수 있는 소중한 시간이었습니다. 발판의 길이에 따라 발에 가해지는 힘의 크기가 다름을 알아낸 지레의 원리, 바람이 상승하면서 주변의 공기를 흡수하여 바람의 세기가 세지는 베르누이 원리 등 다양한 과학적 원리를 활용하여 처음 제작한 발명품보다 발판의 길이를 길게 하고 주변의 공기를 많이 흡수할 수 있는 철망으로 구조를 변형하여 내부 건조도 빠르고 바람의 세기도 빨라지는 일석이조의 효과를 얻기도 하였습니다. 그리고 손건조기의 입구모양도 원통형, 좁아지는 형, 넓어지는 형 등 다양한 실험을 한 결과 입구가 넓어지는 형이 바람의 세기가 가장 커져 그 모양을 가진 폐데프콘통을 활용하여 제작 하는 등 필요한 구조를 실

제33회
전국학생과학 발명품경진대회
대통령상

폐통돌이를 이용한 수동 손건조기

자원재활용

작품요약설명

기존 전기 손건조기의 단점인 과다한 전력 사용, 필터를 자주 교체하지 않아 발생하는 세균번식으로 비위생적인 점을 개선하고자 재활용품을 이용하여 전기를 사용하지 않고, 자연 그대로의 바람으로 건조하는 간편한 손건조기를 제작하였다.

출품자

금암초등학교 하지민
지도교사 김선아

연구내용

1 제작 동기 및 목적

가. 제작 동기

사회시간에 배운 저탄소 녹색성장을 위해 화장실의 전기 손건조기를 전기를 사용하지 않고 만드는 방법에 대해 고민해보다 집에서 사용하는 회전통돌이를 이용하여 수동 손건조기를 제작해보고자 함.

나. 제작 목적

▶ 전기를 사용하지 않는 수동 손건조기 제작
▶ 필터 미교체로 인한 세균 오염 걱정없는 손건조기 제작
▶ 폐자원을 활용하는 저비용 손건조기 제작

2 제작 과정

가. 기초 탐구

1) 전기 손건조기와 자연바람의 세균수 조사
〈소비자 고발 124회 '세균 뿜는 손건조기'편 참고〉

필터 미교체 전기 손건조기 〉 자연 바람

2) 통돌이, 환풍기 날개, 철구조물 버려지는 양 조사

장소 및 기간	물 품	폐기량
계룡시(1년)	폐통돌이	980(개)
계룡시(1년)	환풍기	312(개)
계룡시(1년)	철구조물	21,000kg
우리나라 전체에서 버려지는 양은?		

※폐통돌이는 집에서 사용 않고 보관만 되어있는 것들이 더 많아요! (반 30명 중 17명 구매 후 사용 안함)

나. 1차 작품 – 폐 종이상자, 자석 붙인 날개

바람을 모으는 입구 / 자석붙인 날개 / 발 판

작품 내용
- 폐종이상자를 이용하여 본체 제작
- 종이 자석붙인 선풍기 날개 사용
- 폐통돌이의 내부기어와 발판 사용

개선할 점
- 풍속이 4.3m/s로 풍속을 높여야 함
  발판의 길이를 늘려 작동이 쉽고 편해야 함

다. 풍속을 높이기 위한 탐구실험

조건	조건변인	풍속(m/s)
날개 층	1층	4.3
	2층	4.8
날개 수	4	4.8
	5	5.1
	6	5.5
날개와 거리	1cm	7.0
	20cm	5.5

라. 2차 작품 – 폐철망, 긴회전축 날개 수

손 넣는 위치 / 긴 중심축, 2층 날개 / 짧은 발판

개선할 점
- 날개 사이에 손 말리는 부분 위치
  손을 말릴 때 안전하도록 장치를 해야 함

마. 안전성을 고려한 풍속증가 탐구실험

조건	조건변인	풍속(m/s)
입구 모양	| |	4.2
	/\	4.6
	\/	7.3
날개 층	2층 → 1층	
발판 길이	5cm	힘이 많이 듦
	16cm	힘이 적게 듦

바. 최종 작품 – 지지대, 발판 연장, 본체 모양

내부구조 / 연장한 발판 / 본체 겉면 구조

- 6쪽 환풍기 날개를 재활용으로 풍속을 높임
- 데프콘을 재활용하여 풍속을 높임
- 발판을 길게하여 밟기 편하고 힘이 적게 듦
- 철지지대, 철망을 재활용하여 안전성 확보

3 작품 설명

가. 작품 구조

풍속 측정 / 발명품 사용 모습 / 과학적 원리 적용

- 과학적 원리를 적용하여 풍속을 7.3m/s로 높임
- 세균 걱정없는 자연바람으로 손이 건조됨
- 발명품의 모든 부분을 재활용품을 활용함
  (폐통돌이, 폐환풍기 날개, 폐철구조물, 폐철망)
- 한 사람의 작동으로 3명 까지 동시에 손을 말림
- 발을 밟는 과정에서 다리운동이 되기도 함

나. 과학적 원리 및 적용

환풍기 날개 모습 / 발판의 모습 / 내부기어 모습 / 손 넣는 입구 모습

- 환풍기 날개 – 회전 관성
- 내부기어 – 축바퀴의 원리
- 발판을 밟는 힘 – 지레의 원리
- 손넣는 입구 모양 – 베르누이 정리

4 효과 및 전망

구분	발명품	전기손건조기	장점
제작 비용	제작비용 1만원	구입가격 40만원	경제성
유지 비용	0원	10만원 (월평균)	저탄소 녹색성장
건조 시간	18초	15초	다리 운동 효과
위생 비교	자연바람 건조로 세균 걱정 없음	필터 미교체시 세균수 증가	필터오염에 의한 세균 걱정 없음

험을 통해 알아냈습니다. 이후 재활용품을 사용해 최종작품을 제작하는 등 1차, 2차, 3차 발명품 제작을 통해 더 나은 모습으로 변화시키려고 노력하였습니다. 이러한 다양한 과학적 원리가 녹아 기존 전기 손건조기의 불편한 점은 개선하고 우수한 점은 그대로 유지할 수 있는 더 나은 수동 손건조기가 만들어지게 되었습니다.

대회 당시 기록했던 탐구일지의 일부

발명일지

금암초등학교 6학년 5반

날짜	2011 년 6 월 29 일
주제	완성품을 재제작 하자! <구상>
활동 내용	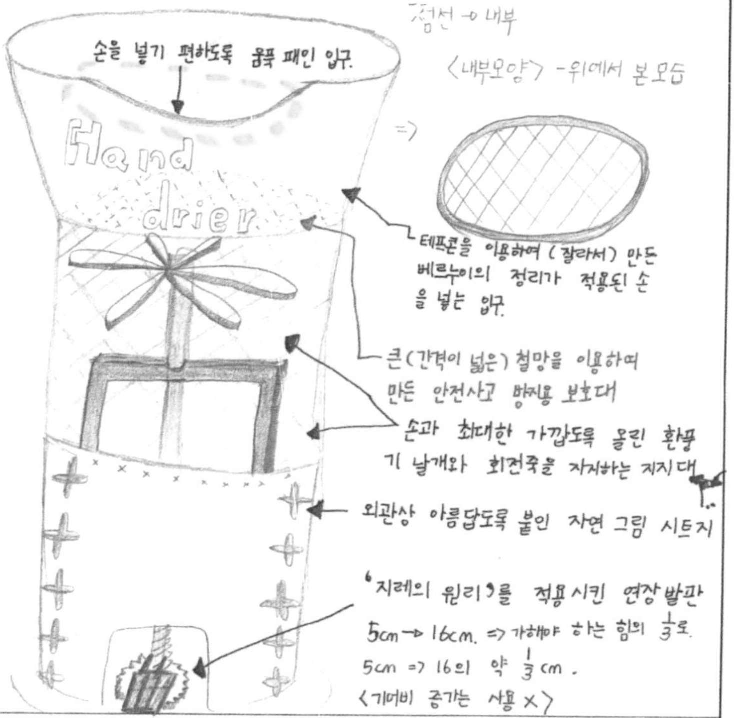
느낀 점	이제, 이대로 완성품을 만든다면, 풍속도 세고, 안전하며, 외부모양도 예쁜 손 건조기가 제작& 탄생할 것이다! 와! 선풍기 날개를 종이자석을 이용해서 크게 붙이는 아이디어가 좋았어! Good!!

대회 당시 전시했던 장치 모습

☆ 수상소감 Q&A ☆

1. 대통령상이라는 소식을 들었을 때, 첫 기분은 어땠는지?

초임 때 같은 학교 선생님의 권유로 발명교육을 시작하게 되었습니다. 6년간 지역대회 예선만 참가하며 좋은 성과를 올리지 못해 의기소침해 있던 때 전국대회에 참가하게 되었다는 소식을 듣게 되었습니다. 마지막 발명대회라고 생각했기 때문에 전국대회를 준비하며 학생과 함께 최선을 다해 작품을 준비했던 것 같습니다. 전국대회 당시 심사위원의 심사가 끝날 때마다 학생이 폴짝폴짝 뛰면서 기쁘게 나오던 순간, 행복한 표정과 함께 성취감을 느끼며 뿌듯해하는 학생을 보며 '그간 준비했던 것들이 헛되지 않았다'라는 생각이 들었습니다. 참가에 의의를 두고 있어서 전국대회 발표날도 알지 못한 채 학생과 교사의 학교 이름을 정확하게 확인하는 과학교육원 연구사님의 전화를 받고는 의아한 마음이 들었습니다. '조금 이상하다'라는 생각을 하고 있다가 전국대회 발표 전날 교사와 학생이 국립중앙과학관으로 와달라는 전화를 받고 나서야 대통령상을 받는다는 사실을 알게 되었습니다. 대통령상이라는 소식을 들었을 때 첫 기분은 '나에게 있을 수 있는 일인가?'라는 생각이 들었습니다. '발명교육에 재능이 없구나'라고 생각하며 마지막으로 도전해본 대회에서 첫 전국대회 출전에 대통령상이라니…. 너무나 빠르게 몰려온 새로운 일들에 아득하기도 하고 멍하기도 했던 것 같습니다. 충남 발명교육에 헌신하시는 다른 여러 선생님들의 발자국을 따라 온 덕분에 가능했다고 생각합니다. 그리고 체계적인 컨설팅으로 누구보다 애써주신 과학교육원 연구사님께 다시 한 번 감사드리고 싶습니다.

2. 왜 대통령상을 받을 수 있었다고 생각하는지?

제33회 전국학생과학발명품경진대회 심사위원장 평을 들어보면 사전에 특허청을 중심으로 유사작을 걸러내는 작업을 했다고 하였습니다. 따라서 기존 제품과의 차별성이 중요한 심사기준이었다고 생각됩니다. 또 학생이 얼마나 참여했는가를 중점으로 심사하였다고 하였습니다. '폐통돌이를 이용한 수동 손건조기' 작품은 쓸모없어졌지만 회전을 할 수 있는 기능이 남아있는 걸레세척기와 환풍기 날개를 조합하여 기존의 손건조기보다 더 좋은 기능을 지닌 발명품을 만들게 되었습니다. 아마 누구나 생각만 하였다면 만드는 과정은 어렵지 않았을 것이라고 생각합니다. 학생들이 교실에서 흔히 볼 수 있는 재료를 가지고 버려진 후 다시 활용한다는 점에서 학생의 참여도가 높은 작품이었다고 평가받은 것 같습니다. 또 학생이 자신의 아이디어 변화 과정을 세밀하게 작성한 탐구일지도 교사와 학생이 팀으로 참가하는 발명대회에서 학생이 얼마만큼 참여하였는지를 확인해주는 좋은 자료였다고 생각됩니다.

3. 이 대회를 참여하는 학생 입장에서 좋은 점은?

발명대회는 융합적 사고를 요구하는 대회입니다. 따라서 대회를 준비하는 과정에서 상상력을 바탕으로 새로운 아이디어 구상, 머릿속에 있는 생각을 구현하기 위해 재료 선정부터 디자인까지 스스로 계획해나가야 하는 자기주도적인 학습과정을 경험하게 됩니다. 그리고 이 대회는 작품 제작, 작품 설명서 작성, 작품 차트 작성, 작품 발표까지 읽기, 쓰기, 말하기, 만들기까지 학생들의 다양한 역량을 기를 수 있는 대회라고 할 수 있습니다.

4. 좋은 결과를 받기 위해서는?(나만의 특별한 노하우)

좋은 결과를 받기 위해서는 심사위원들이 필요성을 인정하는 발명품을 만들어야 한다고 생각합니다. 그러기 위해서는 현 사회에서 문제로 제기되는 이슈를 해결할 수 있는 작품을 발명하는 것이 필요합니다. 또 장애인권 관련 발명품, 환경 관련 발명품 등 언제든 필요로 하는 주제도 좋다고 생각됩니다. 발명품을 제작하는 것도 중요하지만 처음 만나는 새로운 발명품을 짧은 시간 심사위원이 이해하려면 무엇보다 발명품에 대해 정선된 언어로 알기 쉽게 발표하는 일도 좋은 결과를 받기 위해서 필요한 것으로 보입니다.

전국학생과학발명품경진대회는 유일하게 과학이라는 단어가 들어간 발명대회입니다. 학생들의 과학적 탐구능력을 향상시키는 과정에서 산출물로 새로운 발명품이 나오는 과정으로 생각하면 좋을 것입니다. 그렇기 때문에 전국학생과학발명품경진대회에서는 과학적 원리의 적용 및 이해 활동이 꼭 이루어져야 한다고 생각합니다.

5. 흥미진진한 에피소드

전국대회 작품을 반입하는 전날까지 학생과 발명품의 풍속 기능을 향상시키기 위해 작품을 수정하고 있었습니다. 그때 갑자기 학생이 "선생님 그런데 손을 닦으면 물이 뚝뚝 떨어지잖아요. 그러면 손건조기로 손이 건조되는 시간이 더 늘어나지 않을까요?"라고 이야기하는 것이 아닙니까. 곰곰이 생각해보니 사람들이 손을 닦고 난 뒤 행동을 보면 손을 가볍게 흔들어 손에 있는 물기를 세면대에 털고 나가는 모습이 떠올랐습니다. 그래서 학생에게 그 내용을 이야기해 주고 혹시 심사위원이 발표할 때 질문하면 지금 이야기한 대로 대답하면 좋을 것 같다고 해주었습니다.

'설마 이런 질문을 하시겠어?'라고 생각하고 있는데, 대회 당일, 학생이 웃으면서 뛰어오면서 "그때 준비한 그 질문을 똑같이 하셨다고, 그래서 선생님과 함께 이야기한 대로 대답했더니 '아! 그렇구나'라고 이해해 주셨다"고 하는 것이 아닙니까. 만약 그 질문에 대답하지 못했다면 지금 이 책을 쓰고 있지 못하지 않았을까요?

6. 그 밖에 하고 싶은 이야기

가까운 나라 일본은 일반 국민들도 다양하게 특허를 가지고 있다는 이야기를 들었습니다. 지식 재산권인 특허를 일반 국민들도 관심을 갖고 있다는 것이 놀라웠습니다. 앞으로 우리 사회에서 가장 가치 있는 것이 무엇일까 생각해보면 '창조'가 아닐까 생각됩니다. 프로그래밍된 것에 한정되어 사고하는 것이 아닌 전혀 새로운 것의 창조, 더 나은 삶을 창조하는 발명교육을 통해 미래사회에 꼭 필요한 지식을 바탕으로 많은 학생들이 특허권을 갖는 우리나라가 되기를 소망해봅니다.

꿈! 미쳐야 미치는 것, 그것은 나의 것!

과학이란 참으로 어려운 과목입니다. 그것은 어렸을 때는 호기심으로만 가득 차 보이는데 과학이란 학문을 배울수록 학생들은 호기심의 해결보다 외워야 하는 것들이 많아진다고 생각하기 때문에 그 흥미를 잃어버리는 것은 아닌가 싶습니다.

그러나 과학전람회의 작품을 제작하게 되면 작은 과학자가 되어 여러 가지를 배우게 될 것입니다. 저는 학생들이 손쉽게 얻어가는 것을 매우 싫어하는 성격입니다. "선생님! 이것은 어떻게 해요?"라는 질문에 대해서도 그것을 해결해 나갈 수 있는 방법을 가르쳐줄 뿐 정답을 알려주지는 않습니다. 많이 고민하면서 스스로 하나하나씩 찾아가는 것이 더 옳다고 믿기 때문입니다.

그런데 요즘에는 조금만 어려우면 스스로 포기해버리는 학생들을 많이 접하게 됩니다. 아마도 선생님도 부모님도 조금만 어려우면 그 어려움에 대한 해답을 쉽게 줘버려서 그런 게 아닌가 싶습니다.

스스로 해보게 한다는 것은 참으로 어려운 일입니다. 지도하는 선생님도 참으로 인내하는 힘이 필요합니다. 물론 기다리다가 대회가 끝나버릴 수도 있을 것입니다. 그러나 학생의 삶 전체로 보면 그

기다림도 하나의 가르침이 아닐까 생각됩니다.

스무 해가 넘도록 그 많은 학생들을 지도해 온 지금도 어느 것이 옳은지 잘은 모르겠습니다. 특히, 과학 분야에서 가장 힘든 대회인 과학전람회를 지도할 때에는 내가 왜 이것을 가르쳐야 하나, 회의가 들며 포기하고 싶을 때가 한두 번이 아닙니다. 조금만 어려워도 포기하겠다는 학생이 나타나면 도대체 무엇을 가르쳐야 할지 더욱 더 막막할 때도 많았습니다.

이럴 땐 한 걸음 물러나서 학생한테 생각해보도록 시간을 주는 것도 하나의 방법이라 생각됩니다. 한 번쯤은 바보처럼 살아보는 것도 작은 행복이 아닐까 하는 긍정적인 쉼의 시간도 필요하지 않나 싶습니다. 그리고 교직의 시간이 조금 더 많이 흐른 뒤에는 분명 선생님의 가슴엔 이 순간들이 얼마나 소중하였는지 가슴 벅찬 감동의 심장 소리를 듣게 되는 날이 오리라 확신합니다.

저는 늘 제가 가르치는 학생들을 만날 때마다 그들의 꿈이 1cm 씩만이라도 성장하는 기회가 되기를 바랍니다. 조금씩 해봄으로써 자기가 즐거워하는 일을 찾기를 바랍니다. 그리고 제자들에게 "자기가 즐거워하는 일에 10년을 노력하면 우리나라 100등 안에, 20년을 노력하면 우리나라 10등 안에, 30년을 노력하면 우리나라 최고, 아니 세계 최고가 될 수 있다는 신념으로 살아달라"고 부탁을 하곤 합니다.

그동안 과학사랑 동아리를 만들어 과학을 좋아하는 학생들에게 무엇을 가르쳐 주어야 할까에 대해 생각하고 또 생각하여 아래와 같이 정리하게 되었고, 내가 지도하는 학생들을 이렇게 키우려고 노

력하고 있습니다.

자랑스러운 대한민국의 젊은 학생들이 꺾이지 않는 열정과 도전으로 그들의 꿈이 모락모락 피어날 수 있길 바랍니다. 각자의 꿈을 하나씩 이루어서 우리나라를 세계 제일의 과학 강국으로 만들어 노벨상을 수없이 받을 수 있는 젊은이들이 많이 나오길 바랍니다. 그래서 우리가 영어를 배우는 것이 아니라 세계인들이 모두 한글을 배우는 날이 되도록 빨리 올 수 있기를 소망해 봅니다.

저는 그 바탕의 디딤돌이 전국과학전람회나 전국학생과학발명품경진대회가 되리라 확신합니다. 더불어 선생님들께도 꿈을 가지고 도전해보시길 권하고 싶습니다.

힘들고 많이 외로워질 수도 있지만, 무엇보다 선생님의 사생활을 많이 포기해야 하는 경우가 생길 수도 있지만, 어느 날 갑자기 선생님은 혼자가 아님을 느낄 수도 있을 것이고, 전국대회를 한번 지도해보시는 선생님께서는 개미지옥에 빠진 개미처럼 이 마력에 헤매면서 허우적거리고 있는 자신을 발견할 수도 있을 것입니다. 그러나 먼 훗날엔 참된 스승으로 익어가고 있는 자신에게 엄지척을 해주고 계실 것입니다.

다양한 도전과 경험을 쌓아라

전국과학전람회뿐만 아니라, 전국학생과학발명품경진대회, 전국교육자료전, 전국학생과학동아리대회 등에 참여하였으며 매년 공군 참모총장배 스페이스 챌린지 대회 등에도 참여하였습니다. 전국대회는 아니지만 지역교육청 영재교육원에서 11년 동안 강사로 활동하였으며, 영재 산출물 대회, 과학과 수업연구대회 등에도 참여하였고 지금은 지역에서 발명센터를 담당하고 있습니다. 이런 다양한 경험을 바탕으로 과학대회를 준비하는 많은 노하우를 쌓을 수 있었습니다.

예를 들어 교육자료전을 통해서 대회 당일 발표는 어떻게 해야 하고, 질의응답은 어떻게 해야 하는지 노하우를 얻을 수 있었습니다. 이것이 중요한 이유는 사실, 과학대회에 여러 번 참여했던 교사도 그 안의 상황을 이해하지 못하는 경우가 많기 때문입니다.

발명품경진대회를 통해서는 적용 및 발전 부분에서 창의적인 산출물의 제작 노하우를 얻을 수 있었습니다.

동아리 활동을 통해서는 진짜 과학에 뛰어나고 성실하게 참여할 수 있는 학생을 선발할 수 있었고, 발명센터 담당을 통해서는 내 스스로 메이커 능력을 향상시킬 수 있게 되었습니다.

요즘 우수한 실적을 내는 후배들을 보면 대부분이 한 대회만을 하기보다는 다양한 활동을 하는 경우를 많이 보게 됩니다. 대회마다 서로가 가진 독특한 특징이 있지만, 서로가 융합이 될 경우 좀 더 창의적이면서 독창적으로 산출물로 발전시킬 수 있습니다. 즉, 한 가지 대회만 참여했을 경우 생각해 낼 수 없는 작품과 산출물들을 생각해 내거나 발전시킬 수 있으며, 활동 과정에서 새로운 아이디어를 얻을 수도 있습니다.

또 여러 분야에서 활동하시는 선생님들을 만날 수 있기 때문에 많은 노하우도 얻을 수 있고 과학을 사랑하는 사람들과의 친분도 쌓을 수 있습니다.

이런 이유로 다양한 대회와 활동에 참여하기를 권장합니다. 당신도 과학대회의 주인공이 되어 보십시오!

학생이 작품 전체의 주인공이 되어야 한다

과학전람회를 하나로 표현하면 아래 표와 같다고 생각됩니다.

구분	소나무	과학 전람회	작은 줄기		큰 탐구과제
작품 전체		학생	잔 가지	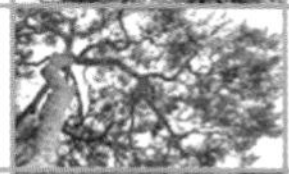	작은 탐구과제
햇빛		교사	잎		탐구과정
뿌리		이론적 배경 선행연구	꽃		결과
큰 줄기		주제	열매		결론

소나무 한 그루가 작품 전체에 해당하는 주제라면 학생은 전체 작품의 작은 과학자가 되어 탐구해나가는 것이 됩니다. 작품을 탐구해나가다 보면 학생은 내용이 되었든, 탐구 설계가 되었든지 간에 분명히 어려움에 닥치게 됩니다. 이때 지도교사는 늘 빛과 같은 존재가 되어야 합니다. 그러기 위해서 선생님은 진정으로 연구하는 과학자가 되어야 하지 않나 싶습니다.

학생과 함께 탐구하려고 하는 무엇인가를 선정하면 참으로 막막할 때가 있습니다. 나는 이럴 때마다 아래의 글을 되새기곤 하였습니다.

너무 막막하다고,

그래서 포기해야겠다고 말하지 말라.

나를 극복하는 순간

나는 징기스칸이 되었다.

그러고 나서 한참을 골몰히 사유합니다. 보이지 않는 그 어둠의 무엇인가를 찾아 나섭니다. 보이지 않는 그 무엇은 어쩌면 소나무의 뿌리가 아닐까 생각하고서 이론적 배경이나 선행연구들을 검색하여 공부하기 시작합니다. 때로는 주변에 있는 전공자들에게 전화하기도 하고, 때로는 전문적으로 연구하는 분들을 찾아 메일을 보내기도 합니다.

분명 우리 주변에는 정답을 주지는 않아도 방향성을 제시해줄 수 있는 그 누군가는 있습니다. 이때 작품을 머리에서 가슴에서 한 순간도 내려놓아서는 안 된다고 말하고 싶습니다. 이런 노력들은 분명히 보이는 세계로 안내해주리라 봅니다.

이런 다양한 노력 속에서 북극성처럼 안내를 해 줄 소나무의 가장 큰 줄기가 주제가 될 것입니다. 즉, 주제는 보이지 않는 세계에서 보이는 세계로 이끌게 됩니다. 주제는 철두철미하게 학생과 지도교사가 해낼 수 있는 깔끔하게 정돈된 언어로 표현하여야 합니다. 땅 위의 나무를 보면 큰 줄기가 제일 먼저 눈에 들어오듯 주제를 보면 무엇을 탐구하였는지 한눈에 들어와야 하기 때문입니다.

주제가 선정되면 분야에 따라 다르겠지만, 반드시 사전 실험이나 끊임없는 관찰을 하여야 합니다. 이때는 과학적인 정확도보다 큰 줄기에서 뻗어나간 작은 줄기, 큰 탐구과제를 4~5개 정도 찾는 것에 중점을 두어야 합니다. 큰 탐구과제는 학생과 함께 쉽게 해결해 나갈 수 있는 것부터 심층적으로 해결할 수 있는 방향으로 선정하는 것이 중요합니다. 이 과제들의 탐구를 진행해 나가다보면 분명 의문점들이 생깁니다. 이 의문점들은 잔가지, 즉 작은 탐구과제가 될 것입니다.

위와 같이 마지막 큰 가지까지 반복됩니다. 이때 가설을 설정해서 탐구하는 것이 좋습니다. 때로는 모형을 만들어 검증해야 할 때도 필요할 것입니다. 그런데 모형은 보이지 않는 작은 것들을 증명하고자 할 때 만들어서 탐구하는 것이 바람직합니다. 모형도 3차원적인 비율을 맞추어서 만들어야 실험 후 조금 더 정확한 과학적 증명이 가능해집니다.

소나무의 잎은 광합성을 하여 자기가 살아갈 수 있는 양분을 만듭니다. 그래서 탐구과정을 이에 비유하였습니다. 탐구주제마다 가설을 설정하고 그 가설을 증명하기 위해서는 탐구 설계를 하여야 합니다. 탐구 설계를 잘하여 증명을 할 수 있을 때 소나무가 양분을 만들어 저장하듯 전체 작품의 양분이 되는 소나무의 꽃, 작은 탐구주제들로 피어 날 것입니다. 이 꽃들이 솔방울이란 열매가 되고 이 열매들이 모이면 소나무는 뿌리, 줄기, 꽃, 열매로 하나의 개체로 만들어집니다. 이러한 개체의 완성이 과학전람회 작품 하나로 탄생하게 되는 것이지요.

꼭 잊지 말아야 할 것이 있습니다. 자연에 존재하는 것은 보이든, 보이지 않든지 간에 모두 그 존재의 이유를 가지고 있다는 것이고, 수없이 많은 대화 속에서만 그 존재의 이유는 답을 줄 것이란 사실입니다. 더불어 과학전람회를 준비하는 학생과 선생님들께 이 글을 전하고 싶습니다.

훗날 훗날에 나는 어디선가

한숨을 쉬며 이야기할 것입니다.

숲 속에 두 갈래 길이 있었다고,

나는 사람이 적게 간 길을 택하였다고,

그리고 그것 때문에 모든 것이 달라졌다고.

해외 과학경진대회

국제과학기술경진대회(ISEF, International Science Engineering Fair)

2019 국제과학전람회 ISEF

ISEF는 Society for Science & the Public에서 주최하는 대회입니다. Society for Science & the Public은 과학기술 발전을 위한 대중적 관심 증진을 위해 노력하고 있는 비영리 민간단체로 저명한 저널리스트인 에드워드 W. 스크립스와 캘리포니아 동물학자인 윌리엄 에머슨 리터가 1921년 대중에게 과학적 업적을 알리고자 설립한 단체입니다.

ISEF는 고등학생 대상의 과학연구경연대회 중 가장 높은 권위를 자랑하고 있습니다. 매년 전 세계의 촉망받는 고등학생들이 자신의 연구 성과를 소개하기 위해 ISEF에 참가합니다. 이 대회는 국제적으로 규모가 가장 크며, 약 80여 개국에서 학생 1,850여 명과 심사위원 1,000여 명이 참가합니다. 제48회부터 제70회(2019년)까지는 인텔이 후원했으며, 2019년에는 미국 애리조나 피닉스에서 개최되었습니다.

그러나 2020년 코로나로 인하여 현재는 가상 Regeneron ISEF 2021로 실시되고 있으며, 각국에서 우수한 학생들이 선정되어, 세계 각국의 결승 진출자들이 참여합니다. 심사는 화상 회의를 통해 진행됩니다.

대회의 역사는 1950년부터 시작되었으며 우리나라에서는 현재 3개 기관에서 참가하고 있습니다.

1950년 미국 필라델피아에서 처음으로 개최되었으며, 1958년 일본, 독일 등 외국에서 대회 참가(International Fair), 1999년 한국 정보 분야에서 최초로 참여(정보화진흥원 2팀), 2004년 한국 과학 분야에서 최초로 참여(한국과학기술지원단 3팀), 2015년부터 4개 기관이 참가하다가 2019년부터 3개 기관 참가하고 있습니다.

특히 2019년에는 KAIST 부설 한국과학영재학교(이하 'KSA') 3학년 재학생인 박민철, 이준영 학생이 미국 애리조나 피닉스에서 개최

대회 기간 중 노벨상 수상자와 대화 등의 부대 행사를 개최한다. (2019 ISEF)

된 '2019 Intel ISEF(Intel International Science and Engineering Fair, 인텔 국제과학기술경진대회)'에 한국 대표로 참가해 17개 분야별 1팀에 수여하는 최고 부문상(Best of Category) 및 본상(Grand Award) 1등상을 물리 분야에서 수상했습니다.

KSA 3학년 박민철, 이준영 학생은 물리 이종림 교사의 지도로 "음향 메타 물질을 이용한 고효율 파력발전 시스템"이라는 주제로 대회에 참가했습니다.

기존의 파력발전은 효율이 낮아, 높은 투자 비용을 상쇄시키기 어려웠으나, SHOWPAM(System High-efficiency Ocean Wave Power with Acoustic Metamaterial)을 개발해 음향학에서 공명을 발생시킬 수 있는 coiling up space 구조물을 파도에 응용해 파도를 증폭시키는 데에 성공함에 따라, 이 연구를 통해 파력 효율을 225% 증폭

2019 박민철 이준형 학생의 2019 ISEF 준비 모습

시킬 수 있으며, 더 나아가 파력 발전기의 기대 수명과 안정성 증대, 발전 터빈의 성능 향상까지 향상할 수 있다는 연구 결과를 얻게 되었습니다.

이화북스의 책을 소개합니다